普通高等学校"双一流"建设建筑大类专业系列教材
建筑 规划 景观设计方法与操作丛书

一 大建筑类

快速设计 表现技法

建筑·规划·景观 RAPID DESIGN RENDERING SKILL

袁巧生 著

华中科技大学出版社
http://www.hustp.com
中国·武汉

图书在版编目(CIP)数据

快速设计表现技法. 大建筑类 / 袁巧生著. -- 武汉:华中科技大学出版社, 2021.4
 （建筑　规划　景观设计方法与操作丛书）
 ISBN 978-7-5680-7000-3

Ⅰ. ①快… Ⅱ. ①袁… Ⅲ. ①建筑设计 - 高等学校 - 教材 Ⅳ. ①TU2

中国版本图书馆CIP数据核字(2021)第047608号

快速设计表现技法. 大建筑类　　　　　　　　　　　　　　　　　　袁巧生　著
KUAISU SHEJI BIAOXIAN JIFA.DAJIANZHULEI

出版发行：华中科技大学出版社　（中国·武汉）　　　　　　电话：　(027) 81321913
地　　址：武汉市东湖新技术开发区华工科技园　　　　　　邮编：430223
出 版 人：阮海洪

责任编辑：易彩萍　　　　　　　　　　　　　　　　　　　责任监印：朱　玢
责任校对：周怡露　　　　　　　　　　　　　　　　　　　封面设计：袁巧生

印　　刷：武汉市金港彩印有限公司
开　　本：787 mm×1092 mm　1/12
印　　张：19
字　　数：205千字
版　　次：2021年4月第1版第1次印刷
定　　价：88.00元

华中出版

投稿热线：(010)64155588-8000
本书若有印装质量问题，请向出版社营销中心调换
全国免费服务热线：　400-6679-118 竭诚为您服务

手绘之序　Preface of Hand Painting

快速设计表现就是我们通常所说的手绘表现，即设计构思草图，是手、脑并用进行创作的设计模式，是设计过程中完成由混沌思维到逻辑思维，再向形象思维转化的重要阶段；同时，也是徒手并借助传统的绘图工具去直观捕捉、表达设计者的灵感、构思与立意的过程。

手绘是一种交流语言，是思考语言的形象表达，比文字更形象、更直观、更容易让人接受，是设计师自己与自己交流、设计师与别人交流最直接快捷的方式之一。到目前为止，除了手绘以外，很难找到一种能把设计师的创作灵感与形象思维更好地快速表达出来的方式，可以说，手绘是设计师最富灵感的创意启蒙阶段。因此，不仅设计专业的本科生、研究生应具备快速设计表现的手绘能力，其他相关的设计人员也应具备快速设计表现的基本技能。本书的宗旨在于让设计专业的大学生及相关的设计人员更为全面、系统地掌握快速设计表现的基本要求。

本书依据相关设计专业的基本原理与技术规范，并结合自身教学与工程设计的实践工作，综合、系统地阐述了各种快速设计表现的手法、技法及应用。本书体现了快速设计表现的系统性、实用性与先进性特色，书中大量的建筑、规划及景观专业的快速设计作品可供大家鉴赏、学习与参考。

本书是高等学校建筑、规划、景观及艺术设计专业的主要教材，适用面广，既可以作为建筑、规划、景观、艺术设计及相关设计专业的教学用书，同时也可以作为相关设计、管理人员的专业参考书。

本书的编写得到了华中科技大学同仁们的大力支持，尤其是万艳华教授对本书的编写做了大量的指导工作，在此，谨向他们致以衷心的感谢！

由于作者水平有限，书中难免有疏漏与不足之处，恳请读者朋友们不吝批评指正。

袁巧生

2020 年 11 月

目 录 Contents

第1章 绪论 1

1.1 快速设计表现的必要性 2

1.2 快速设计表现的独特艺术性 3

1.3 快速设计表现的现实意义 4

第2章 快速设计表现常用的绘图纸张与工具 5

2.1 绘图纸张 6

2.2 绘图工具 7

    2.2.1 铅笔 7

    2.2.2 彩铅 7

    2.2.3 墨线笔 7

    2.2.4 马克笔 14

    2.2.5 粉笔 15

    2.2.6 炭笔 16

第3章 快速设计表现常用的手法 17

3.1 铅笔表现法 18

3.2 彩铅表现法 20

3.3 马克笔表现法 22

    3.3.1 马克笔的握笔姿势 23

    3.3.2 马克笔的运笔方法 25

    3.3.3 马克笔表现中常见病例 32

3.4 炭笔表现法 34

3.5 混合表现法 36

第4章　快速设计表现的环境技法..**37**

4.1　树木快速表现技法...38

4.1.1　树木造型原则...38

4.1.2　树木造型实例...40

4.1.3　树木墨线画法...46

4.1.4　丛林马克笔画法...50

4.1.5　丛林"马克笔 + 墨线"画法...52

4.1.6　平面树画法...62

4.2　山石快速表现技法...63

4.2.1　山石快速表现原则...63

4.2.2　水中景石"马克笔 + 墨线"表现...64

4.2.3　山石景点快速表现示例...66

4.3　水体快速表现技法...70

4.3.1　水体快速表现原则...70

4.3.2　马克笔表现水面的常见形式...71

4.3.3　水景快速表现示例...72

4.4　草坪与绿篱快速表现技法...74

4.4.1　草坪与绿篱画法解析...74

4.4.2　草坪与绿篱画法示例...77

4.5　云彩快速表现技法...80

4.5.1　云的形态与常见画法...80

4.5.2　云彩快速表现示例...84

4.6　人物快速表现技法...92

4.6.1　人物的比例关系...92

4.6.2　常见人物画法示例...93

4.6.3　人物画法步骤示例...100

4.7　车辆快速表现技法 116

　　4.7.1　常见车辆的尺寸 116

　　4.7.2　常见车辆画法示例 117

第5章　快速设计表现的技法应用 **127**

　5.1　铅笔、彩铅表现技法应用 128

　　5.1.1　铅笔表现过程详解 128

　　5.1.2　铅笔、彩铅表现建筑快速设计 135

　　5.1.3　铅笔表现规划快速设计 142

　　5.1.4　铅笔表现景观快速设计 147

　5.2　马克笔表现技法应用 150

　　5.2.1　马克笔表现过程详解 150

　　5.2.2　马克笔表现建筑快速设计 154

　　5.2.3　马克笔表现规划快速设计 160

　　5.2.4　马克笔表现景观快速设计 172

　5.3　混合表现技法应用 182

　　5.3.1　马克笔、彩铅与墨线混合表现建筑快速设计 182

　　5.3.2　马克笔、彩铅与墨线混合表现规划快速设计 186

　　5.3.3　马克笔、彩铅与墨线混合表现景观快速设计 188

第6章　快速设计表现作品鉴赏 **191**

　6.1　建筑快速设计表现作品鉴赏 192

　6.2　规划快速设计表现作品鉴赏 206

　6.3　景观快速设计表现作品鉴赏 210

第 1 章
绪论
Chapter 1
Introduction

1.1 快速设计表现的必要性 /2

1.2 快速设计表现的独特艺术性 /3

1.3 快速设计表现的现实意义 /4

1.1　快速设计表现的必要性

作为设计表现的传统手绘，如今在我国这块土地上已没有往日的辉煌。21世纪初，随着网络信息技术等高科技的快速发展，计算机绘图兴起，各种新兴的计算机辅助设计绘图软件层出不穷。似乎常见的设计工作完全可以被计算机等绘图工具所取代，尤其是在成图阶段首选计算机表现，手绘在我国似乎慢慢失去了市场。

其实不然。因为任何创意设计，尤其是最原始的设计构思和立意是无法通过其他工具或软件去完成的。设计师在创作过程中，尤其是在构思阶段的各种创意与想法，特别是一瞬间的灵感，只能通过不受工具限制、不拘表现形式的手绘快速捕捉、记录下来，否则，灵感转瞬即逝，变成"迟感"。总之，其他绘图工具很难做到瞬间固化设计师的灵感与形象思维，只有手绘才是设计师创作灵感、思维最快捷的捕捉与记录方式。而计算机等绘图工具往往只能更加准确、细致地表达设计师已有的、已固化的形象思维形态或构思草图方案，其本身并不具备单独完成设计工作的能力，尤其不能完成原始的创作。也就是说，依靠计算机等绘图工具与软件所完成的设计都是构思草图完成之后进一步修改、深化与完善的结果，它并不能代替手绘创作的过程。正如恩格斯所说的"劳动创造了人本身"，而计算机并不能代替人脑去创作。

因此，手绘在设计构思阶段尤为重要，必不可少，且不可替代。

1.2　快速设计表现的独特艺术性

手绘具有独特的艺术魅力，它就像京剧一样，永远是一种精粹、一种充满灵气的表现形式。手绘的价值在于其无法用计算机所制作的机械化、"工业化"的图像所替代。

发达国家对于手绘的需求有增无减。同样是设计表现，为什么国外的手绘就能经受得起计算机表现图的挑战，而在我国手绘却如此不堪一击呢？为什么国外会有那么多大师级的设计人物，而且他们的手绘能力还那么强呢？难道国外的计算机技术不比我们好吗？我想，这主要是观念差异的问题。

国外炙手可热的手绘市场造就了一大批优秀的手绘艺术精品，也造就了许多大师级的设计人物。

试想，有谁可以只凭计算机就可以画出好图来？有谁可以用计算机来构思、立意呢？尽管目前出现了平板电脑手绘形式，但还是需要设计师自行去构思立意并借助平板手写笔去完成设计表达工作。这终究还是设计师自身专业知识及绘画能力的体现，平板电脑并不能取代人脑去自行设计与表达。

随着国人尤其是甲方欣赏水平的提高和观念的转变，手绘会越来越受欢迎。天津大学黄为隽教授在其著作《建筑设计草图与手法：立意·省审·表现》中写道：草图是集智慧、经验、手法、技巧于一体的重要表现形式。一张高水平的手绘草图，哪怕是寥寥几笔，也可得到行家和有关人士的信赖及认可。在手绘草图的不断揣摩和演进中，使方案趋向完美，这也是建筑师提高自身修养，增进智慧、经验、手法、技巧的一个过程。

清华大学建筑学院高冀生教授认为：建筑草图是建筑创作一个不可缺少的过程。这就决定了草图至今还是具有不可替代的生命力，而且它仍将是建筑绘画大花园中一支艳丽的奇葩。

全球有许多设计大师的手绘语言相当熟练，草图十分精彩，同时也造就了许多优秀的设计作品。

I draw because I have to think.——我之所以画草图，是因为我必须思考。

——泽维·霍克

草图是建筑师交流的一种方式。草图就像是建筑师的一座还未完成的建筑，是建筑师与自我以及他人进行交流的一种方式。草图因此而拥有了生命力，因为其中充满了建筑师深刻的内心斗争、印证了建筑师复杂的心路历程，并处处表现出建筑师"手的痕迹"。

——安藤忠雄

从大师的字里行间，我们感受到了大师对于草图的理解。古有泼墨山水，今有手绘表现 。我们应运用手绘表现独特的艺术语言去诠释建筑和表达城市空间与环境。

1.3 快速设计表现的现实意义

　　快速设计能力的强弱往往是衡量设计方案好坏的重要因素。作为表现手段，在效果图表达方面，手绘的确不如计算机易于修改，但在表达设计者的构思、立意方面，手绘更加随意和具有灵动性，而且手绘效果图更具艺术性，对于设计师的图面表达和专业素质的培养十分重要。

　　手绘表现不但还有存在的必要，而且具有十分重要的现实意义，具体如下。

　　①可用于设计人员设计构思时的重要启蒙阶段，同时也是设计过程中琢磨、推敲、修改、深化方案最重要的一环。

　　②可用于相关专业学生每学期的快题考试。

　　③可用于相关专业学生考研、考博的快题考试。

　　④可用于相关专业学生就业求职时的快题考试（招聘单位极少要求应试者采用电脑绘图或做模型）。

　　⑤设计时可用于与甲方或领导的交流、沟通。

　　⑥可用于国家注册建筑师等职业资格考试。

　　⑦可用于工程实践中方案构思与创意的快速表达。

　　以上这些应用表明，在信息网络技术等高科技快速发展的今天，快速设计表现的手绘在专业学习、求职考试、专业深造、职业考试与工程实践等方面都具有了比以往更加重要的现实意义。

第 2 章
快速设计表现常用的绘图纸张与工具
Chapter 2
Common Drawing Paper and Tools for Rapid Design Performance

2.1 绘图纸张 /6

2.2 绘图工具 /7

　　2.2.1 铅笔 /7

　　2.2.2 彩铅 /7

　　2.2.3 墨线笔 /7

　　2.2.4 马克笔 /14

　　2.2.5 粉笔 /15

　　2.2.6 炭笔 /16

2.1　绘图纸张

快速设计表现常用的纸张有绘图纸、复印纸、硫酸纸、水彩纸、马克笔专用纸等，各种纸张的性能及着色后的情况如下文所述。

绘图纸　快速设计表现中常用的绘图纸又叫"白图纸"。由于其纸张质地紧密、强韧、厚重，不易破裂，因而具有优良的耐擦性、耐磨性、耐折性，再加上其半透与亚光的特性，适于铅笔、彩铅、墨线笔、马克笔等手绘表达。如用马克笔在绘图纸上上色，则笔道轮廓清晰、笔触间融洽得当，不易形成生硬的边界；同时颜色饱满、色彩真实、还原度高，画面容易出效果。而用彩铅在绘图纸上表达，其色彩还原度高，也容易出效果。所以，在快题考试时常用绘图纸。

复印纸　复印纸因具有与绘图纸一样的半透、耐擦、耐磨、不易破裂等特性，再加上着色后容易定影和固化，所以平常采用马克笔练习时主要使用普通白色亚光复印纸。最好是选择 80g 的白色亚光复印纸，其次是选用 75g 或 85g 的白色亚光复印纸。而低于 75g 的复印纸由于纸张过于单薄，马克笔上色时极易侵蚀纸张而导致颜色跑出形体，运笔时很难守住形体边界、收边或守边难度大，最后导致画面水迹斑斑、凌乱不堪。采用马克笔上色时也尽量不要使用超过 85g 的复印纸或铜版纸。超过 85g 的复印纸或铜版纸（主要作为彩喷或彩印之用）因其纸张厚重、表面光滑，马克笔颜料难附着在纸面上，收边生硬，笔触间交接生硬，颜色难以相互融接，画面干涩枯焦，极难表现出柔和的理想效果。此外，复印纸也适合于彩铅表达。

硫酸纸　具有强度高、透明度高、不变形、亚光等特点，适用于手工描绘，尤其在构思草图时使用较多。用马克笔在硫酸纸上着色，由于纸张透明度高，加上纸张表面极易附着油渍和汗渍，所以着色后的颜色饱和度变低、颜色明度会变高或变浅，画面灰暗无光。在硫酸纸上用彩铅表达时因其纸张的透明度高，颜色饱和度与明度都失真明显，效果不是很好。因此硫酸纸主要在构思草图阶段使用较多，有些考试由于时间关系也采用硫酸纸表达。

水彩纸　水彩纸因其纸张厚重、不易破裂且吸水性强等特性，适合于马克笔表达，但必须采用光滑的那一面。水彩纸粗糙的正面凹凸不平，着色极不均匀，易留下大量飞白，难以达到想要的效果。与此同时，水彩纸的光滑面也适用彩铅表达。这是因为其纸张厚重、透明度低，色彩饱和度与明度还原较好，再加上水彩纸光滑面相对光滑的特性，彩铅表达时产生的阻力较小，手感很好。因此，用彩铅在水彩纸上表达也很容易达到理想的效果。

马克笔专用纸　这是一种新型的马克笔绘画纸张，其表面白洁、光滑，上色时不打滑，韧性好，颜色附着力强，晕染效果佳，且上色后易干，但价格较贵。

无论采用哪种纸张作画，马克笔上色时速度要快，不能太慢或顿笔时间太长。这是因为速度慢或顿笔时间太长，极易出现极重的笔迹渗化晕染效果，因颜色渗透到纸里而形成很深的笔道，使局部颜色过深，或跑出所画形体边界，形成参差不齐的凌乱效果。具体画法详见后面章节。

2.2 绘图工具

快速设计表现常用的绘图工具有铅笔、彩铅、墨线笔、马克笔、粉笔、炭笔等。选用各种绘图工具时注意事项如下所述。

2.2.1 铅笔

快速设计表现常用 HB~6B 铅笔，其中，HB、B 铅笔主要用于打底稿，2B~6B 铅笔主要用来画正式草图。快速设计表现作图时，最好使用可削铅笔，尽量少用自动铅笔。这是因为可削铅笔笔芯的直径变化范围比较大，可以画出不同粗细、深浅的线条；而自动铅笔笔芯直径太小，画出的线条太浅、太细，不太适合快速设计构思过程中的反复修改和推敲。同时，可削铅笔可以画出不同种类的线条，特别适合于画草图时使用，因为深色可以覆盖浅色，粗线可以覆盖细线，在构思过程中可灵活使用。而自动铅笔适合于打底稿或做记号。

2.2.2 彩铅

彩铅即彩色铅笔。快速设计表现对于彩铅的要求不高，一般选用 36 色或 48 色彩铅就够了，且价格适中，不必过于追求高端。

2.2.3 墨线笔

墨线笔的种类较多，常见的有普通钢笔、针管笔、草图笔、美工笔等。

（1）普通钢笔

普通钢笔可以勾画硬朗刚劲的线条，但由于线条粗细单一，有时须借助其他墨线笔如美工笔来丰富画面。

（2）针管笔

针管笔主要分为注墨针管笔和一次性针管笔。注墨针管笔画出来的线条刚劲挺拔、黑亮有神，墨色饱和度高，但由于现在的墨水质量难保证，容易堵塞针管笔，需要经常清洗，操作麻烦，因而逐渐有被一次性针管笔所取代的趋势。一次性针管笔克服了注墨针管笔操作麻烦的特点，使用极为方便，但画出来的线条颜色灰暗无神、圆润柔软，不够刚劲挺拔，但目前还是快速设计表现过程中使用频率较高的勾线绘图笔。

（3）草图笔

草图笔又叫勾线笔，颜色多样，类似于塑料记号笔，是近几年出现的新型绘图与写字工具。草图笔画出的线条比较流畅、柔软，但缺少力度与刚度，而且线条较粗，较难刻画细部；另外，因其笔头较软，使用时笔尖与纸面的摩擦阻力较小，手感较差。目前，草图笔基本是一次性的，价位高，不做推荐。

（4）美工笔

美工笔几乎克服了上述墨线笔的所有缺点，画出来的线条刚劲挺拔、棱角分明、可粗可细，墨色深沉，特别适合画阴影、暗面等部位。由于美工笔压下去可以画出很粗的线条，提起来则可以画出较细的线条，用一支美工笔几乎可以画出各种粗细的线条，因而更能快速地捕捉与表达设计师的构思立意，从而大大地节约绘图时间，提高作图效率，同时美工笔还可以达到其他墨线笔所不能达到的表达效果。因此，美工笔是快速设计表现过程中最快捷、最适合、最容易出效果的绘图笔，只是由于目前教设计课的老师自己使用较少，因而难以推广，甚至有使用得越来越少的趋势。但无论如何，设计师还是要慢慢尝试并坚持使用美工笔画草图，这样才能在设计过程中达到得心应手的地步。

①美工笔的选择

美工笔的种类较多，选择一般价位的美工笔就行，切忌过于奢华；尤其是国产老品牌英雄牌美工笔物美价廉，画出来的线条刚劲挺拔、粗细分明，极其优美。另外，美工笔对配套的墨水要求比较高，普通的碳素墨水极易堵笔，必须选择价位稍高的不堵笔墨水，如毕加索墨水或进口墨水。美工笔笔尖也很关键，要选择弯头长的。弯头越长越好，因为越长的弯头可以画出更粗的线条，从而丰富画面效果、缩短绘图时间、提高作图效率。另外，选择美工笔时还要注意选择笔盖紧的美工笔。笔盖过于松动，墨水易干，干后的墨水凝固结渣，易堵塞笔道，影响使用。

美工笔有许多其他墨线笔所不具备的优势，在快速设计表现的过程中一定要熟练使用美工笔，然后形成习惯。

综上所述，一支美工笔基本能画出各种粗细的线条，而且线条的视觉效果要优于用其他墨线笔所画出来的效果。本书中绝大部分墨线都是笔者采用英雄牌美工笔画出来的。

②美工笔的握笔姿势

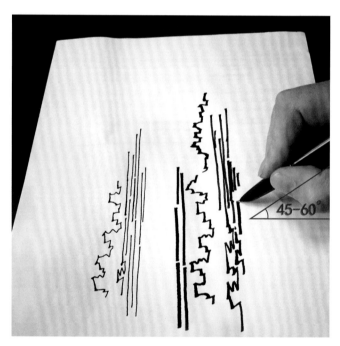

a. 提笔握笔姿势

尽量把笔提起来画线条，笔与纸的角度一般控制在70°~90°。角度越接近90°，笔尖与纸面接触面积越小，画出来的线条就越细；角度越接近70°，笔尖与纸面的接触面积越大，画出来的线条也就越粗。

提笔握笔时主要画相对较细的线条，尤其是形体亮面的部位。

b. 压笔握笔姿势

尽量把笔压下去画线条，笔与纸的角度一般控制在45°~60°。这时，由于笔尖与纸面接触的面积越来越大，画出来的线条也就越来越粗。也就是说，笔越往下压，角度就越小，画出来的线条就越粗。但由于美工笔笔尖弯头角度的限定，角度小于45°就不太好操作了。

压笔握笔时主要画相对较粗的线条，特别适合画形体的暗面或阴影等部位。

③美工笔的具体画法

a. 美工笔线条画法一

　　下图是用美工笔从提笔到压笔过程中画出的由细到粗的各种线条组合，尤其是压笔画出的粗线条对于表达形体的暗面、阴影等部位有较其他墨线笔更为明显的优势和更好的视觉效果。中间的建筑草图，墙体与玻璃阴影、玻璃里面的暗部与反射对面景物较暗的轮廓、植物配景的暗部或死角、地面阴影等部位都是压笔形成的粗线条体块，简练直接，一气呵成，效果明显。

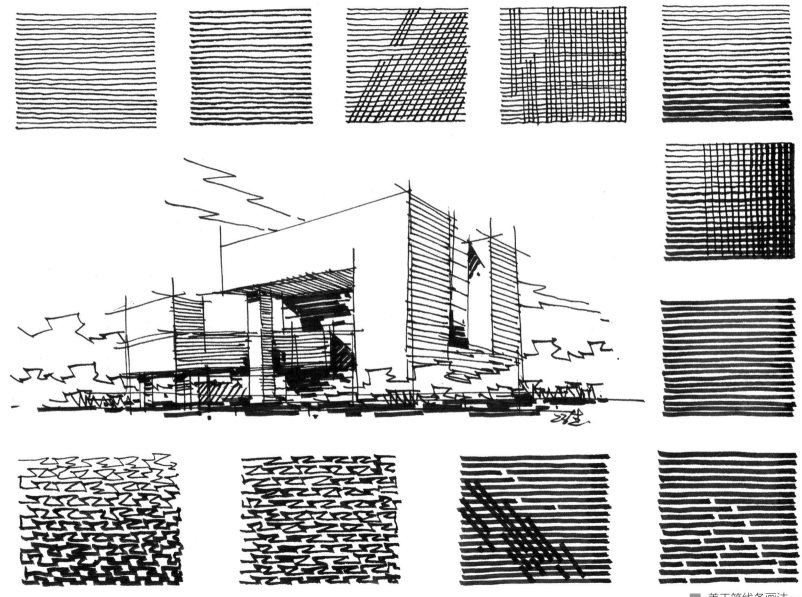

美工笔线条画法一

b. 美工笔线条画法二

下图是用美工笔提笔与压笔交替使用所画出的各种线条组合，每组线条都可以看出明显的明暗关系变化。这种画法特别适合表达表面粗糙的物体，如树干、绿篱、草坪、毛石墙等，同时也适合表达建筑的暗面、阴影或其他暗部。

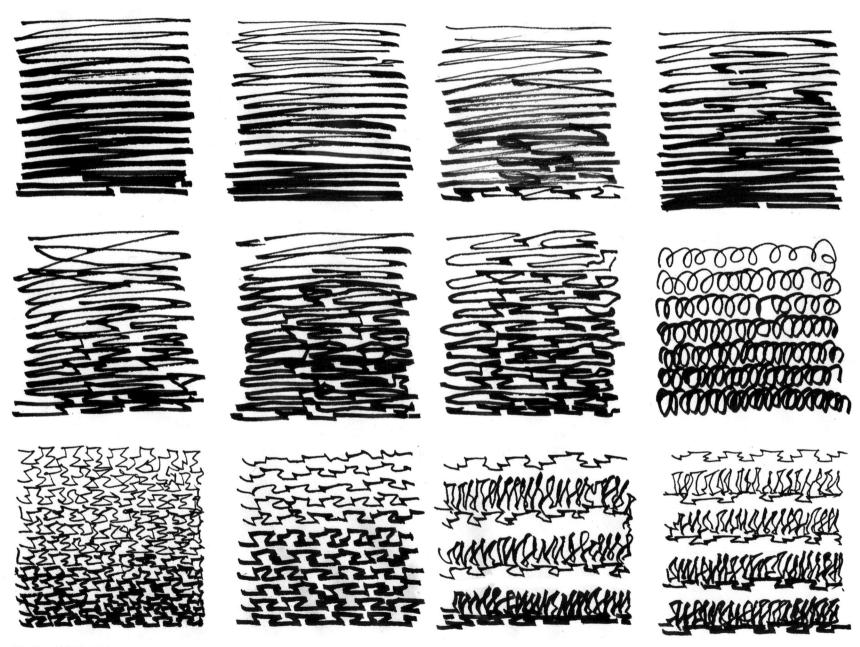

美工笔线条画法二

c. 美工笔线条画法三

　　下图示意了美工笔提笔与压笔交替使用画法。提笔时因线条较细，适合于画远景，即远处物体的轮廓，如远山、森林；压笔时因线条较粗，适合于画近景，如景观树、绿篱、草坪及其阴影，同时也特别适合画水面的波纹、阴影及其倒影等。

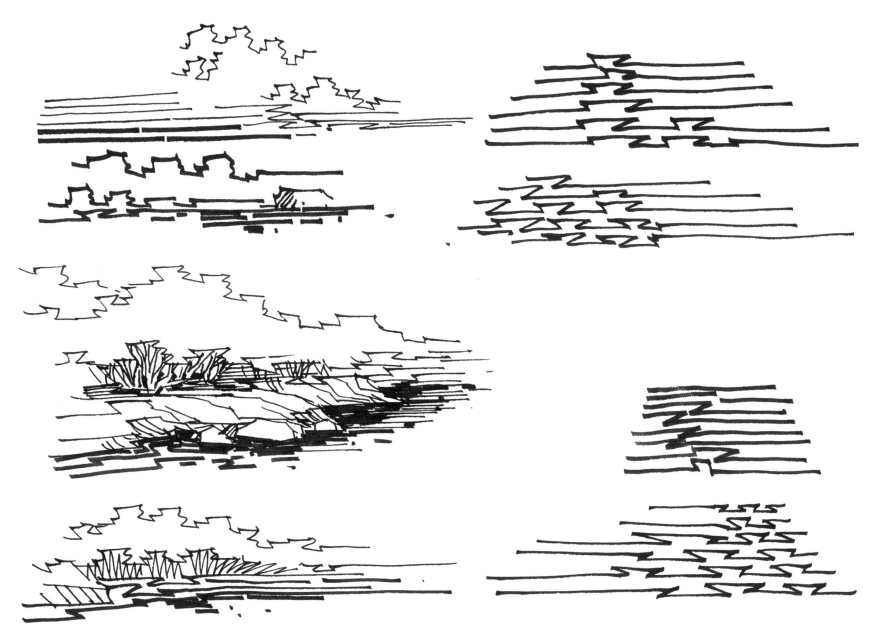

■ 美工笔线条画法三

d. 美工笔线条画法四

　　下图是用美工笔画出的各种形式的绿篱。因为一般的景观绿篱的形状相对规整（呈几何形状），因此排列线条时一定要注意线条的韵律感；只有形成线条的韵律感后，才会有美感。同时，也要注意运笔时笔道的轻重，并且运笔的提压动作不能过于单一，这样才能出现高低起伏的韵律感。

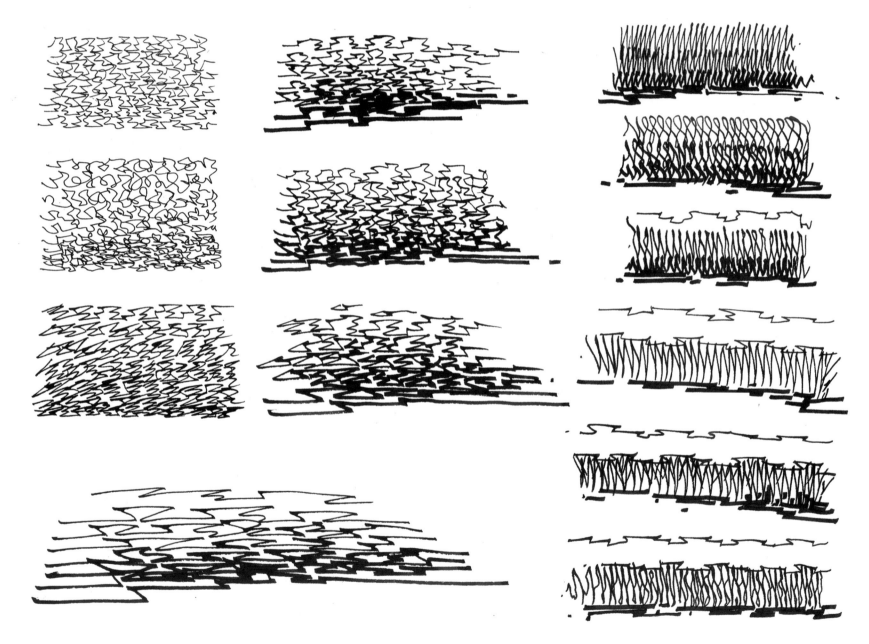

e. 美工笔线条画法五

　　下图是美工笔提笔与压笔交换使用画常见树的画法。我们应尊重树的生长规律，大部分树叶的形状呈锐角形态或边缘呈圆弧状的锐角形态，因此画树时应尽量把树叶画成近似三角形或锐角形，而不要画成圆形或环形。详见本书"第 4 章 4.1 树木快速表现技法"。

美工笔线条画法五

2.2.4 马克笔

马克笔英文名为 Marker pen，也是一种记号笔，是最近几十年发展起来的一种新型绘图着色工具。马克笔操作简单、使用方便，比传统绘图方式如水彩、水粉等快捷、方便许多，尤其是在设计构思阶段或设计表达阶段使用较多，越来越受到大专院校设计类、艺术类学生及设计师的青睐。常见的马克笔有油性马克笔、酒精油性马克笔和水性马克笔三类。油性马克笔与酒精油性马克笔笔道颜色容易融为一体，笔触交接柔和，颜色经多次叠加后还能达到柔和、亮丽、透明、明快的效果。由于油性马克笔画在硫酸纸上不容易起皱，因此是目前建筑、规划与景观、艺术设计人员的首选。水性马克笔笔触交接生硬，笔道叠加后颜色难以融为一体，多次叠加后画面易变灰、易产生泥腻感，同时画在硫酸纸上容易起皱，因此其在建筑、规划与景观、艺术设计中不如油性马克笔的使用效果好，在此不做推荐。水性马克笔更适合动漫、服装设计的填色使用。

常见的马克笔笔头有纤维型笔头与发泡型笔头两种。纤维型笔头马克笔又叫"硬头马克笔"，笔头质地紧密，较坚硬，棱角分明，笔触硬朗、犀利。转动多棱角的笔头，可以画出不同宽度的笔触与不同粗细的线条，进而可刻画不同的细部，塑造不同的体块空间。因此，纤维型笔头马克笔特别适合建筑类的快速设计绘图上色。发泡型笔头马克笔又叫"软头马克笔"，笔头质地疏松柔软，难以画出犀利硬朗的体块与线条，不太适合建筑、规划与景观、艺术设计领域；其在动漫、服装设计领域使用较多。

马克笔一般有两头：一个斜头和一个圆头。斜头笔头呈斜切多棱角体块状，笔头尺寸较粗大，不同表面宽度不一，棱角分明，特别适合画大面积的天空、水面、草坪、建筑体块等；当提笔或转笔选用不同的棱角时，也可以刻画形体与空间细部，类似美工笔的提笔、压笔或两者间的转化，同样可以画出各种线条。圆头笔头部分质地较软，笔道细小，所画线条柔软、缺乏力度感，只适合做记号，不适合细部刻画，更不适合大面积上色。如果用圆头部位上色，既难达到很好的整体效果，又浪费时间。因此，使用马克笔上色时一定要习惯采用斜头大块头部位，少用甚至不用圆头部位。

马克笔品牌较多，常用的品牌有韩国 Touch、国产法卡勒 (FINECOLOUR)、国产斯塔 (STA)、日本美辉 (Marvy) 等。对于初学者或学生来说，2~3 元一支的马克笔就足够了。马克笔笔头越宽、越粗，也就越好使用，因为这样画出来的线条就越宽、越整体，手感也越好，效果自然就更好。所以，我们应选用笔头宽粗的马克笔，也就是要养成用大笔画小画而不是用小笔画大画的习惯，因为大笔更容易出效果，也更节省时间。另外，由于马克笔的颜料墨水极易挥发，因此要选用笔盖紧的马克笔，使用后要及时盖紧笔帽。

马克笔具体表现技法详见本书第 3 章、第 4 章、第 5 章。

常用马克笔

2.2.5　粉笔

　　粉笔,大家都非常熟悉,是一种在黑板上写字与作画的工具。由于粉笔笔头直径较大,不像其他绘图工具那样精细,因此画出来的线条比较粗犷、准确度不高,这样的特性正适合对于准确度、确定性要求不高的草图绘制。另外,粉笔并不是老师的专利,学生也应该多尝试在黑板上练习粉笔画,这样有助于培养对设计整体感的把握与大局观的形成。以下两图是笔者现场教学时在黑板上画的粉笔设计草图。

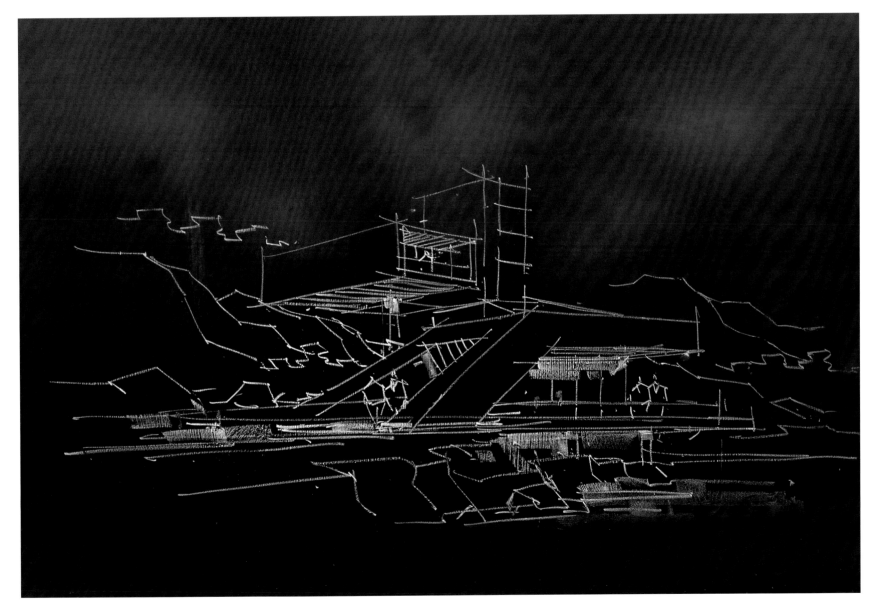

■ 粉笔快速设计图一:大学校园信息交流驿站设计,现场教学示范,黑板上的粉笔草图

粉笔快速设计图二：某休闲山庄设计，现场教学示范，黑板上的粉笔草图

2.2.6 炭笔

炭笔是绘画、艺术设计人员常用的绘图工具。炭笔一般为黑色，比铅笔颜色深，表面较粗糙、不反光，比较适合表达质地粗糙的物体。但是炭笔附着力比较强，在纸上不容易擦掉，不易修改。炭笔具体表现技法详见本书第 3 章。

第 3 章
快速设计表现常用的手法

Chapter 3

Common Techniques for Rapid Design Performance

3.1 铅笔表现法 /18

3.2 彩铅表现法 /20

3.3 马克笔表现法 /22

  3.3.1 马克笔的握笔姿势 /23

  3.3.2 马克笔的运笔方法 /25

  3.3.3 马克笔表现中常见病例 /32

3.4 炭笔表现法 /34

3.5 混合表现法 /36

快速设计表现常用的表现形式有墨线表现、铅笔表现、彩铅表现、马克笔表现、炭笔表现、混合表现及平板电脑手绘等。下面主要介绍铅笔表现法、彩铅表现法、马克笔表现法、炭笔表现法、混合表现法。

3.1 铅笔表现法

铅笔表现是铅笔素描技法在设计领域的延续、拓展及实践运用。在设计构思启蒙阶段，许多已知的与未知的、不确定的因素交织在一起，各种想法与思路在设计师脑海中不时闪现，让设计师处于一种模糊与混沌的状态。在这种状态下，设计师要及时捕捉可能瞬间消失的灵感，这时构思与捕捉到的形体往往是抽象、不确定甚至不成形的，用铅笔表现可以及时地完成这一过程。由于铅笔操作简单、使用方便、易于涂擦修改，颜色可深可浅且单一、线条可粗可细、更易于突出主体形态，因此，铅笔应是设计领域最方便、最实用、最容易掌握、最受人欢迎的首选表现工具，甚至可以达到随手拿来即可使用的地步。

由于构思阶段的灵感和捕捉到的形体是不确定的，需要在后续设计过程中不断调整、修改与完善，因此设计师往往在最初捕捉到的形体上不断地修改，用深色覆盖原来的浅色，这时，必须使用颜色较深的铅笔才能完成这一过程。因此，设计草图阶段一般应用 2B~6B 的软铅笔画草图，最好用 4B 或 6B 铅笔。当然，初学者在不太熟练的状态下也可以尝试用 2B~4B 铅笔画草图。在草图设计过程中，最好不要用硬铅笔去表达，因为硬铅笔质地坚硬、颜色灰暗，所画线条细、浅、硬，较难覆盖原来的线条，且更易划伤纸张，所以不要用硬铅笔画草图。

用软铅笔画草图时，铅笔尽量削扁、削宽，不要削得太细、太尖、太薄，因为更宽更扁的笔头可以画出不同粗细、深浅的线条，便于修改方案。

值得注意的是，快速设计中的铅笔表达与纯素描表达有较大的区别。用铅笔画素描时，出于形体塑造的需要，我们几乎要用到各种软、硬型号的铅笔，而且铅笔有时要削得很细、很尖，线条排列尽量有规律和有秩序；但在快速设计的草图阶段，由于存在太多的不确定因素，我们的构思草图往往不成形甚至也不需要太具象（太具象的形体反而有可能限制或影响到后面的发挥），所以，这一阶段的铅笔线条往往是随意、自由、活泼、灵动的粗线条，而不需要太细致、太规整、太有规律。当然，用铅笔表达一幅已经成熟的设计作品时，铅笔线条的运用又另当别论。

另外应注意，虽然用同一支铅笔画的线条可深可浅、可细可粗，而且十分方便修改，但在草图设计阶段尽量不要用橡皮涂擦掉前面的构思方案，可用半透明的硫酸纸或拷贝纸去描绘并修改原来的方案。因为在设计过程中需要多方案比较，一旦把前面的方案擦掉了，就不可能拿原来的方案进行比较了，同时也很难肯定后面的修改方案一定优于前面的方案。许多情况下，原来的方案可能要更好一些，擦掉之后不可能像计算机一样撤回，岂不十分可惜！

在铅笔绘图过程中，应注意线条的粗细、浓淡、间距、方向及排列形式，不同的组合形式呈现的效果不一样，有时甚至相差很大，尤其是表达强烈空间透视的画面应尽量顺着形体的透视方向去组织线条。

右图是用 4B~6B 铅笔画的各种线条组合图，适合于表达配景。

■ 不同铅笔线型画法及组合方式图

3.2 彩铅表现法

彩铅即彩色铅笔，其实就是铅笔的色彩表达工具。用铅笔画出来的线条往往是无色的或者是偏淡的暖灰色，而彩铅画出来的线条丰富多彩，画面效果生动、活泼，更具视觉冲击力。由于彩铅的笔芯硬度比不上普通铅笔，其质地较软，再加上彩铅的色彩明度达不到黑色或深黑色的程度，所以彩铅画出来的线条往往比较淡，很难深下去。基于这样的特性，尽管纯彩铅表达的画面色彩较丰富，但还是显得灰暗，画面轻飘浮浅，其视觉冲击力很难达到其他绘图工具如马克笔那样的效果。因此，纯彩铅表达并不常见，往往借助其他绘图工具如美工笔、普通钢笔、针管笔等共同完成画面表达，即铅笔淡彩、墨线淡彩、彩铅与马克笔混合彩等。

彩铅的运笔方法与铅笔近似，强调粗线条和大关系。其线条宜干净利落、一气呵成，不要拖泥带水，切忌用极细的线条磨来磨去，因为叠加次数太多，画面容易反光和打滑，出现油腻的效果，反而不透明并失去层次和美感。进行快速设计表现时，因为时间的关系，要抓大放小，没有必要做过多的刻画和描绘。

在快速设计表现中，彩铅线条的方向感很重要，应尽量顺着某一个方向去运笔，每组线条大致平行，当然，也可以适时穿插一些方向稍微改变的线条组，以避免画面单调、枯燥。

彩铅分油性彩铅和水溶性彩铅两种，平时使用的普通彩铅多是油性彩铅。在快速设计表现过程中，因为时间有限，一般使用普通的油性彩铅即可。

彩铅表达对于彩铅的品牌要求不是很高，一般的彩铅就足够了，表达效果也很不错，没有必要追求高端的品牌。

右图是油性彩铅绘制的各种线条组合图。

■ 彩铅线条组合图

3.3　马克笔表现法

马克笔表现通常借助墨线完成，因此又叫"马克笔墨线表现法"。马克笔墨线表达是快速设计表现中最常用的表现手法，也是最快捷、最容易出效果的表现形式。随着马克笔品牌的不断增多、产品的不断更新换代，价格持续走低，越来越多的设计人员开始使用马克笔。物美价廉的马克笔几乎成为现阶段设计人员快速设计表现最受欢迎的工具之一。

马克笔墨线表达一般先用墨线打底稿，然后通过马克笔直接上色。在上色之前，应对所使用的马克笔颜色进行分类组合，即制作自己的专属色卡。这一过程十分必要，因为凭色卡可以直观、快速地选出自己想要使用的对象颜色。色卡的制作最好按颜色的冷暖、明度分类排列。下图为快速设计 表现中常见的 Touch、STA、FINECOLOUR 马克笔制作的色卡，供参考。

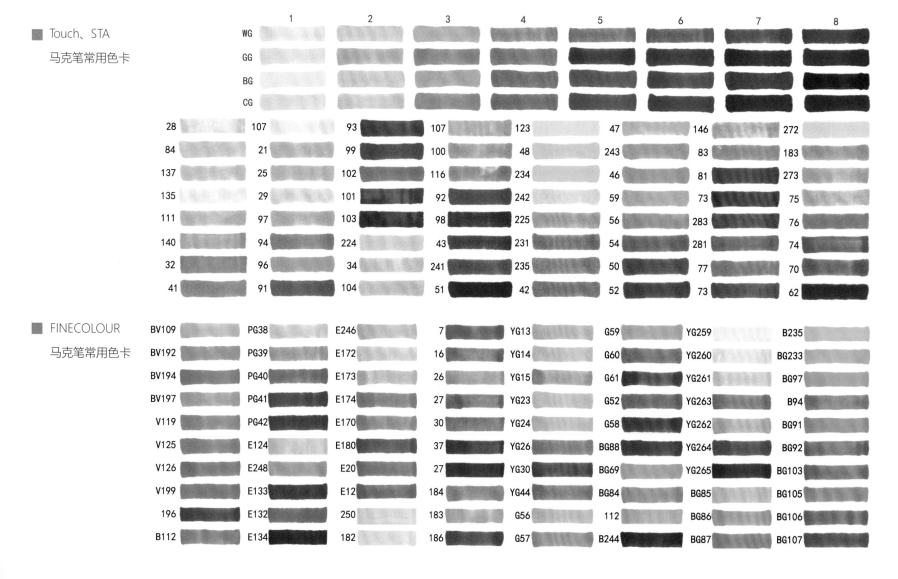

■ Touch、STA
　马克笔常用色卡

■ FINECOLOUR
　马克笔常用色卡

3.3.1　马克笔的握笔姿势

常见的马克笔握笔姿势有正笔（压笔、宽笔）、提笔、侧笔、反笔、圆笔等形式，具体姿势及所绘线条粗细如下图所示。

a. 正笔（压笔）握笔姿势

正笔握笔就是尽量把笔压下去画线条，笔底与纸面之间基本无缝隙，这样，由于接触面最大，画出的线条也最宽、最饱满，因此又叫"宽笔画法"，是马克笔最常用的握笔方式，也是最容易出效果的表现形式。马克笔表现中用得最多的就是宽笔表达，这种表达形式特别适合于大面积部位，如天空、地面、草坪、水面、远山、树林、屋面、墙面、玻璃幕墙等。

b. 提笔握笔姿势

提笔握笔就是把马克笔笔头稍微抬起，笔底与纸面之间有很小的夹角，这样，由于接触面变小，所画出的线条也相应变窄、变细。由于抬起的角度很难保持一致，所以画出的线条容易粗细不一。这种画法主要用在一些需要最后填充收边的部位，是一种补笔画法。

c. 侧笔握笔姿势

侧笔握笔就是把马克笔笔头侧转过来，利用笔头较窄的棱角部位运笔。由于棱角部位较窄，画出的线条也比较细，但线条也比较硬朗。这种画法主要适合于一些细长条形体块的表达，如柱子、门窗阴影等，以及一些特殊质感肌理的表达，如水面波纹、树干、树枝等。此外，其也是形体填充时收边部位常见的表达形式，如瓦屋面的收边。

d. 反笔握笔姿势

反笔握笔就是把正笔握笔姿势的笔旋转180°，利用笔头较锋利的侧锋去画线条。由于侧锋接触面积很小，画出的线条也很细。这种画法适合于形体轮廓的表达，以及一些需要用纯线条表达的部位，如瓦屋面、树枝末梢等。由于其线条的局限性，这种画法在快速设计表现中不太常见。

e. 圆笔握笔姿势

圆笔握笔就是用马克笔很细的那一头来表达。由于笔头很细，画出的线条圆滑细腻。这种画法主要适合于勾画形体的轮廓，不适合大面积的表达。很多初学者特别喜欢用这种细头来表达，浪费时间不说，关键是笔画太细，线条排列组合易乱，在有限的时间内极难表达出好的效果。我们平时仅用这种画法做一下记号，偶尔勾一下轮廓，除此之外，尽量少用或不用圆笔握笔姿势。

除了以上五种运笔姿势以外，马克笔还有一些其他运笔姿势，但由于极少使用，也很难出效果，在此不做赘述。在快速设计表达过程中，一定要养成用大笔或大笔触作画的习惯，宁可用大笔画小画，也不要用小笔画大画。因此，应养成正笔握笔的表达习惯，并根据需要，适时地用侧笔或提笔，尽量不用反笔、圆笔及其他运笔姿势。

3.3.2　马克笔的运笔方法

马克笔的运笔主要有顺笔、叠笔（压笔）、顿笔（点笔或蹭笔）及综合运笔等方法。下面主要介绍马克笔的运笔方法及线条排列。

（1）顺笔

顺笔就是大致沿着同一个方向运笔，笔道基本平行，运笔轻重大体一致，笔道与笔道间尽量少留间隙。因为如果间隙太多，一深（笔道）、一亮（飞白），就会显得每一笔都很显眼，画面花、凌乱、缺乏整体感。但笔道间也不能密不透风、完全不留间隙，如果完全没有间隙，画面就会显得呆板、没有光感和生命力，因此，在运笔的过程中应凭感觉，下意识地留出笔道之间的间隙或飞白。同时，在运笔的过程中也要把握笔道的长度：太长了，显得死板、没有变化；太短了，显得琐碎、不大气。运笔应该果断，切忌犹犹豫豫。绝大部分马克笔表现作品都是通过顺笔运笔来完成的。下图是各种马克笔顺笔运笔的线条组合形式。

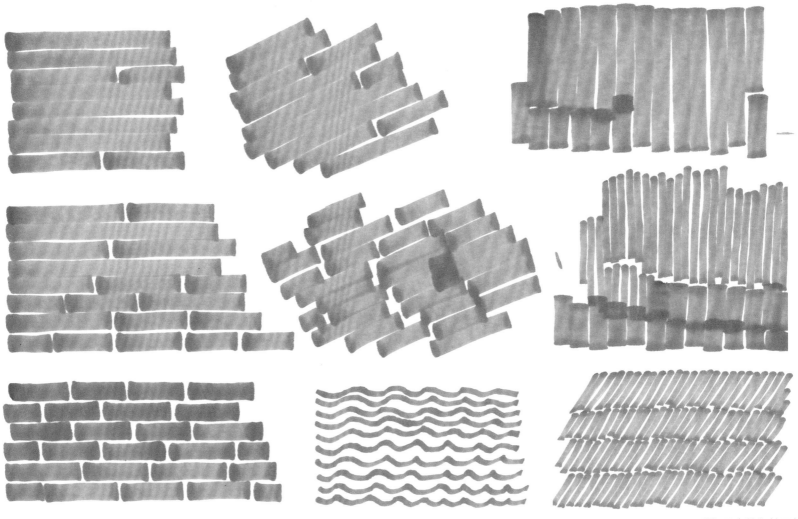

■ 马克笔顺笔示例

(2) 叠笔

　　叠笔是指不同的顺笔组合、叠加在一起的表现形式，因此又叫"压笔"，即画完一组顺笔线条后，再接着画第二组线条或更多组线条，线条组的方向可以大致平行，也可以不一致。应该注意每组线条的相互关系，笔触不要太整齐划一，适当有长短变化，但也不要太参差不齐；笔触与笔触的间距（飞白）尽量凭感觉去把握，尤其不要留白太多。这种表现形式可以营造较好的光影效果，丰富空间层次，使画面生动、活泼。下图是各种马克笔叠笔运笔的线条组合形式。

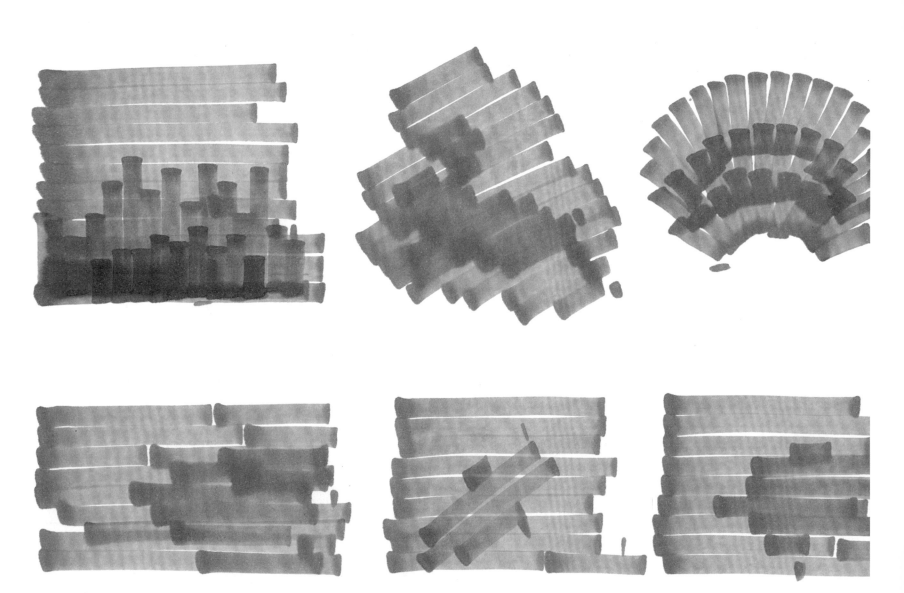

■ 马克笔叠笔示例一

　　需要注意的是，叠笔在同一个位置的运笔次数不能太多；如果超过三次叠加或翻来覆去地描绘，画面就易变得灰暗、混沌而呈泥腻状。所以，采用叠笔运笔时，应尽量果断，笔触肯定、干净利落，尤其是在形体的结构转折处。

 马克笔叠笔示例二

（3）顿笔

顿笔就是在顺笔线条的尾部出现碎片状或点状的线条组合，即在画连续的长线条时，中间停顿片刻、间隔一小段距离后继续运笔的表现形式。停顿的位置往往在线条组的末尾段，且可以出现多次停顿运笔。这样画出的线条由于长度较短、呈碎片或点状，因此又叫"点笔"或"蹭笔"。顿笔线条组合以长、中长、短的组合形式较好，也就是常说的类似出现黑、白、灰三个层次。但要注意，顿笔运笔次数不能太多，否则，画面容易花、零碎、混乱。这种表现形式同样可以营造出很好的光影效果，丰富画面空间层次，使形体生动、活泼。顿笔运笔适合于表达动感的形体，如行云、流水、喷泉、水面的波纹及倒影、飘落的树叶等，同时也适于表达草坪、地面、玻璃及形体的阴影等。下图是各种马克笔顿笔运笔的线条组合形式。

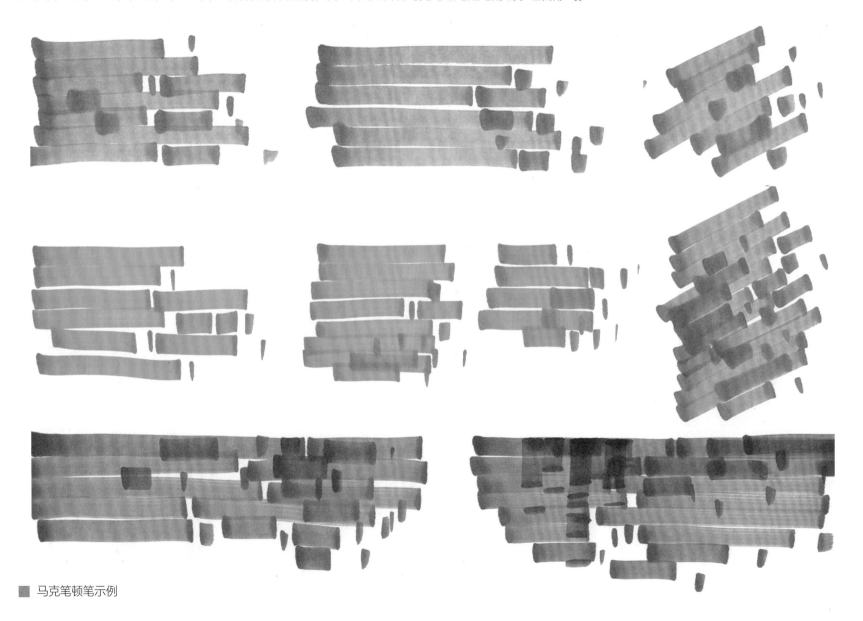

■ 马克笔顿笔示例

（4）综合运笔

　　综合运笔即同一画面出现顺笔、叠笔、顿笔等多种形式的组合运笔方式。这种方式可以表达各种形体的明暗、光影及色彩关系，极大地丰富画面的空间层次，是最常见的综合表现形式。一般的快速设计表达基本上都是用综合运笔完成的。但也应注意，在一幅马克笔表现画中，顺笔应最多、叠笔次之、顿笔最少。过多的顿笔容易使画面凌乱，缺乏整体感。但没有顿笔，画面则会显得单调、呆板、枯燥，缺乏灵气。以下三幅纯马克笔表达画面就是用综合运笔法完成的。

■ 马克笔"顺笔 + 叠笔"示例一

如"顺笔＋叠笔"示例一及示例二中的层林风景，就是采用纯马克笔的顺笔与叠笔所完成的效果。表现时，先用较浅的颜色采用竖向顺笔画远处树林，水平顺笔画地面；然后用稍微深一点的颜色采用顺笔与叠笔画中景树林，笔触主要为竖向；接着用更深的颜色画树枝，用水平叠笔画地面暗面及阴影；最后以最深的颜色采用叠笔点缀近景的主体树枝暗面及阴影。整个表达过程遵循由浅到深、层层叠加递进的原则，不必预留某些部位，因为深色可以覆盖浅色，这样便可以达到很好的整体效果。

■ 马克笔"顺笔＋叠笔"示例二

■ 马克笔"顺笔 + 叠笔 + 顿笔"示例

3.3.3　马克笔表现中常见的病例

在马克笔表达过程中，应尽量按照常用的运笔方法去练习，主要采用顺笔、叠笔（压笔）、顿笔（点笔或蹭笔）等运笔形式。运笔时要果断，不要犹豫；尽量避免使用连笔、细笔、碎笔、乱笔、粘笔、错笔、甩笔、拖笔、跳跃式运笔等方式，尤其应避免由此所产生的各种"花式"表达。下图为各种常见的"花式"表达。

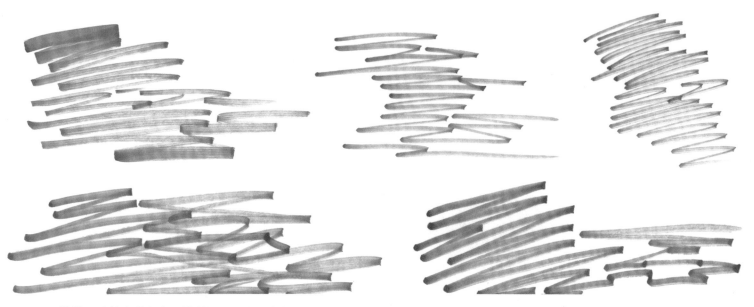

a. 连笔： 连笔次数太多，笔道间留下大量空白，笔道与笔道间的明暗对比强烈，整体凌乱、无规律，缺少韵律感和美感。

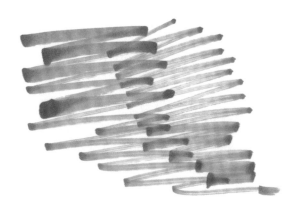

连笔中夹带过多叠笔，对比太强，
整体感弱。

b. 细笔： 线条太多，表达速度慢，
达不到快速表达的目的，且表现力弱。

c. 碎笔： 连续性差，表达速度慢，
整体感不强。

■ 常见"花式"表达病例一

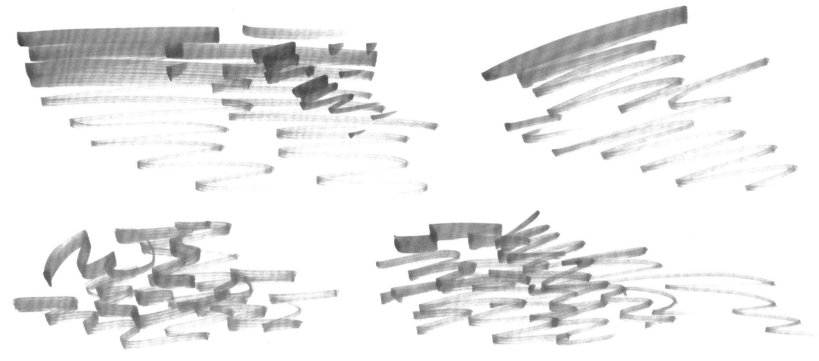

d. 乱笔: 运笔随意、无规律，线条整体无方向感、粗细变化过大，笔道间空白太多，杂乱无章，整体感差。

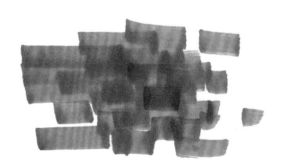

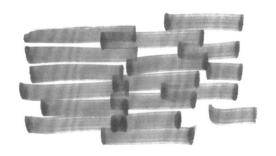

e. 粘笔: 同一位置运笔次数过多，或笔道在纸上停留过久，线条叠加后造成泥腻感和堆砌感,"果冻现象"明显。

f. 错笔或跳跃式运笔: 线条错位过多，呈跳跃式变化，连续性被打断，缺乏相互衔接，导致线条间空白太多，整体感顿失。

g. 甩笔或拖笔: 运笔由重至轻，速度由慢至快，线条端部出现明显的拖尾巴，线条前后的宽度与明度变化大，整体感不强。

■ 常见"花式"表达病例二

3.4 炭笔表现法

炭笔表现法即用炭笔作图，是一种相对传统但又很新颖的表现手法。由于炭笔线条颜色可深可浅，即使反复涂描，也很难出现泥腻状，并且不存在反光现象，其表达效果具有很强的视觉冲击力。因此，炭笔表现广受艺术爱好者的青睐，是目前国内美术学、设计学类速写考试广泛采用的绘图方法。随着马克笔等绘图工具的不断更新换代，炭笔表现在建筑设计类绘画表现中渐渐失宠，以至于现在很少使用，但在国内一些传统建筑院校内还可见到这种表现形式。以初学者的角度来看，炭笔表现也不失为一种新颖的表现手法。炭笔表现常用中性炭，中性炭不易断裂，线条粗细可控，明度层次丰富。不建议用硬炭、软炭：硬炭过于坚硬、易伤纸；软炭太软、易断裂，且不利于细部刻画。由于炭笔表面比较粗糙、不反光，比较适合画山石、草地、树木等表面粗糙的形体。

炭笔表达快速设计示例，以中性炭笔绘制于硫酸纸上

■ 湖北八里湖农场柑橘馆设计，以中性炭笔绘制于复印纸上

3.5　混合表现法

混合表现法即在一幅快速设计表现作品中采用多种表达形式，常见的有"墨线 + 马克笔""墨线 + 马克笔 + 彩铅"，其中"墨线 + 马克笔" 是最常用的表现形式。下图为湖南浏阳某小区住宅设计草图。

■ "墨线 + 马克笔 + 彩铅"表现示例

第 4 章
快速设计表现的环境技法
Chapter 4
Environmental Techniques of Rapid Design Performance

4.1 树木快速表现技法 /38

4.1.1 树木造型原则 /38

4.1.2 树木造型实例 /40

4.1.3 树木墨线画法 /46

4.1.4 丛林马克笔画法 /50

4.1.5 丛林"马克笔 + 墨线"画法 /52

4.1.6 平面树画法 /62

4.2 山石快速表现技法 /63

4.2.1 山石快速表现原则 /63

4.2.2 水中景石"马克笔 + 墨线"表现 /64

4.2.3 山石景点快速表现示例 /66

4.3 水体快速表现技法 /70

4.3.1 水体快速表现原则 /70

4.3.2 马克笔表现水面的常见形式 /71

4.3.3 水景快速表现示例 /72

4.4 草坪与绿篱快速表现技法 /74

4.4.1 草坪与绿篱画法解析 /74

4.4.2 草坪与绿篱画法示例 /77

4.5 云彩快速表现技法 /80

4.5.1 云的形态与常见画法 /80

4.5.2 云彩快速表现示例 /84

4.6 人物快速表现技法 /92

4.6.1 人物的比例关系 /92

4.6.2 常见人物画法示例 /93

4.6.3 人物画法步骤示例 /100

4.7 车辆快速表现技法 /116

4.7.1 常见车辆的尺寸 /116

4.7.2 常见车辆画法示例 /117

4.1   树木快速表现技法

快速设计表现中树木的表达方法与素描风景中树木的表达有较明显的区别：素描中的树木表达不仅强调明暗关系，细节的刻画也十分重要；而快速设计表现中树木表达的重点是基本形态和大关系，往往忽略烦琐的细节，要求设计师有较强的概括形体的能力，具体应遵循程式化、装饰化、剪影化、图案化、韵律化等美学原则。而建筑空间形态造型应从树枝的主次、前后穿插中得到启示。

4.1.1   树木造型原则

a. 强调树形。树枝有主有次，主干形态要优美，树的形态要生动；树枝相互穿插、前后咬合；以线条疏密表达出树的明暗关系。

b. 强调树冠与树枝的造型。树冠造型生动活泼，尽量避免人工的几何形。

c. 强调造型，用不同粗细的线条表达明暗关系；山石错落有致；远景线条要概括表现，无树枝，只画剪影轮廓。

d. 树枝造型主次分明，层次清晰，各枝条向上、向外呈伞状分布，部分枝条前后穿插。

■ 树木造型的基本美学原则

　　画成组树时，首先应考虑构图，构图是决定配景表达成败的关键因素之一。构图应遵循"三角美学"原则，也就是所画主要树木的主要轮廓线的高低控制点连线应形成一个不等边三角形。因为不等边三角形具有较活泼的属性，这样，由高低错落的树木所组成的画面比较生动、富有活力。

4.1.2 树木造型实例

（1）由相对规则线条组合形成的树木配景实例

采用基本平行或方向大体一致的线条排列组合，画面整体性好、韵律感强，但应避免线条过于规则，否则画面会显得单调、呆板。值得注意的是，不同线条组的方向可以不一致，但同一线条组内的方向尽量大体一致，线条的长短应根据形体的大小而变化。这种画法适合于画大的形体块面，如远山、中景山体或树林、近景常绿植物、建筑墙体、瓦屋面等，不适合于画秋季及冬季的落叶树木。

■ 树木造型的基本美学原则

　　常绿树、绿篱等成片状的植物适合于用相对规整的线条成组表达；而落叶树由于暴露出来的是树枝，树枝形态各一，所以不适合平行线条画法，但可以采用放射状的线条排列组合。大多数的树种，枝干汇聚于主干上，枝干在主干上的生长位置呈现错位向上的节奏，末梢树枝也呈错位状汇聚于相对应的枝干上，这样，枝干、末梢树枝层层叠叠，呈放射状组合在一起。

■ 树木造型示例

　　画配景树时，可以通过线条的疏密表达大致的明暗素描关系：暗面线条密、颜色重，亮面线条适当减少、颜色浅。落叶树的树干应有主有次、强调主干、主干粗壮、颜色重，枝干相对细长、颜色浅；应该强调树冠外轮廓的整体感与韵律感，可用程式化的画法把其画成伞状或弧形状；为体现其生长规律，树枝末端部位线条要密集；树枝线条采用由内至外的运笔方式，运笔要果断、干净。常绿树的树干也应主次分明，树冠外轮廓应依照其自然生长习性，高低起伏、虚实相间；线条组合疏密有致，在树冠外轮廓部位重点塑造树叶特征，强化其飘逸形状。

　　切忌把树干画成电线杆状，把树冠画成气球、棉花团或蘑菇云形状。

树林、树丛、常绿树暗面平行线条实例

落叶树放射状线条实例

■ 树木造型的基本美学原则

(2) 树木和水体造型实例

远树重轮廓，近树分层次。树形应轻巧、飘逸，尽量避免圆球状、气球形、棉花团、蘑菇云；树干造型应生动活泼，避免呈电线杆状。树着色运笔方向应尽量一致，方向变化不宜太多。水面运笔应尽量水平化、整体化，加少量的笔触点缀即成倒影，垂直线条千万不能太多。

树木和水体

椰树和海水：三角形构图、四种颜色、五个层次、大笔触。

树木和水体造型示例

(3) 深秋树木配景实例

　　整个画面用两种颜色的纯马克笔完成，表达出三个空间层次：远树重轮廓，颜色浅，运笔速度快、干净利落、一气呵成；中树颜色深，略带细节；近树层次丰富，对比加强。先用一种颜色铺大调子，运笔速度稍快；然后还是用同一种颜色的马克笔刻画细节，运笔速度稍慢，或采用顿笔表达树干的粗糙纹理；再换一支颜色更深的同类色马克笔画暗面与阴影。地面先用颜色较浅的马克笔从左至右顺笔铺大调子，然后用深的颜色画阴影。为了强调树干纹理和山地的凹凸不平，运笔可略带停顿，线条抽象，强调笔触。提笔和侧笔画远树，顺笔、叠笔和顿笔画主体树及地面。

■ 树木造型的基本美学原则

(4) 秋色满园的树木造型实例

　　描绘秋天的树林往往以暖色调居多。下图整个画面采用暖灰色系纯马克笔表达，远景树林为偏暖的紫灰色，主体树林为纯度偏高的黄、红灰色，地面则为偏暖、偏暗的绿灰色。先画前景树，用黄、红灰色马克笔以略呈放射弧形状的顺笔铺一遍底色，运笔速度稍快。然后还是用同一支马克笔以顺笔画树冠的灰面、暗面，此时运笔速度稍慢。再用灰绿色马克笔画树干树枝，树干树枝用同一种颜色的马克笔以提笔、侧笔加圆笔的方式完成。远树树干浅、灰，运笔速度要快；近树树干颜色稍深，运笔速度稍慢；主体树干多顿笔，以加强其纹理与光影效果。前景树画完后再画远景树林，远景树林多以正笔的握笔姿势用顺笔完成。最后画地面，地面的主要握笔姿势为正笔，运笔方式为顺笔、叠笔，加适当顿笔以表达阴影及随性的自然效果。

■ 树木造型示例

4.1.3 树木墨线画法

（1）枝繁叶茂树木墨线画法

①**步骤** 用墨线表达建筑画时最好先用铅笔打底稿。树木底稿不必太精细、准确，大致表达轮廓及位置即可。若画建筑物，则底稿应该稍微准确、细致一些。铅笔线条深浅以能见度为准，切忌过深过粗。胸有成竹时，可以不打铅笔底稿直接上墨线。建筑画的环境墨线表达最好用美工笔，美工笔的特性及优点在本书第2章已经介绍过，此处不再重复。画法步骤：先从画面主体树开始，再画次要部位的树及中景树，然后画灌木丛和地面，最后添加远景树和远山并调整、完善画面。

步骤一

步骤二

步骤三

步骤四

■ 树木造型的基本美学原则

②**成图**　画面构图十分重要，整体上呈不规则三角形，切忌左右、上下高度平齐。其形体尽量高低错落，树冠外形轮廓自由变化、飘逸生动，线条虚实相间；树干、树枝前后穿插，上下错位生长。中景树及灌木丛线条密集，以衬托主体树，丰富画面前后空间层次；远山表达尽量概括，线条简洁流畅，切忌反复刻画与补笔。

■ 树木造型示例

(2) 落叶丛林竹舍墨线画法

①**步骤** 先用铅笔打底稿，尤其是竹舍。竹舍底稿尽量精细，树林底稿可以自由随意，甚至不打底稿。上墨线时先画建筑竹舍，再画近景主体树林，然后画山坡地面，最后添加远景树林和远山。

步骤一

步骤二

步骤三

步骤四

■ 树木造型的基本美学原则

②**成图**　线条的疏密、粗细、浓淡可以表达丰富的明暗与空间层次。主体竹舍及附近树林的线条层次丰富，明暗层次清晰。为了突出主体，在暗面与阴影处用美工笔压笔画出自由、随意的粗线条，能表达出较强的光影效果。粗线条运笔要尽量顺着物体纹理方向。

树木造型示例

4.1.4　丛林马克笔画法

（1）丛林马克笔步骤

画面以暖色调为主，树冠、地面、水面为红黄暖色调，树干、树枝为灰绿色调。先画暖色调的树冠，再画树干、树枝，然后画地面与水面，最后在水面加倒影、点缀、丰富、调整、完善画面。树冠主要用顺笔和叠笔，树干用正笔，树枝用提笔、侧笔及圆笔，地面与水面用顺笔、叠笔加适量顿笔。

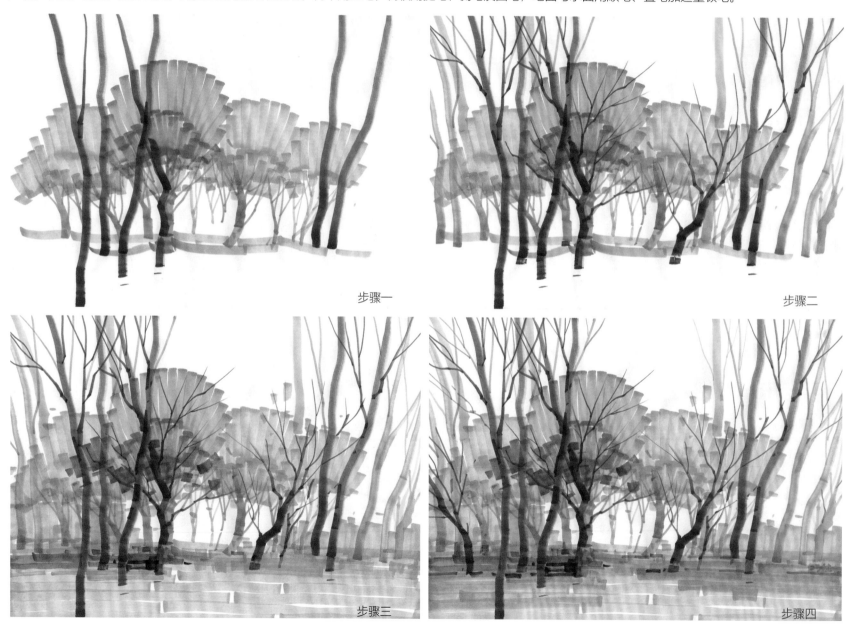

步骤一　步骤二

步骤三　步骤四

■　树木造型的基本美学原则

(2) 丛林马克笔成图

　　注意画面构图，画面的视觉中心尽量不要居中，下图的视觉中心偏左。视觉中心要重点刻画、层次丰富，而其他部位不能有过多的笔墨。尤其是纯马克笔表达时更应该注重运笔流畅、肯定、果断、干净利落、一气呵成，避免翻来覆去地涂抹与塑造。

　树木造型示例

4.1.5 丛林"马克笔 + 墨线"画法

（1）丛林秋色"马克笔 + 墨线"表现

①**步骤** 上色顺序没有固定的模式，但应遵循从整体到局部最后回到整体的原则：先铺大色调，再画局部；先画主体，后画次要部位。一般按从浅色到深色、从暖色调到冷色调、从同类色到异类色的顺序去表达。画面主体的核心处应重点刻画，其他部位适当处理，边缘部位简单略过。

秋天的丛林呈现出浓郁的暖意，所以以红赭暖色调画面为主，天空与水面为偏暖的紫灰色调。上色时，先画主体的近景树丛与同类色的草地，再画远景树林，然后画异类色的天空与水面，最后刻画细节。主体视觉中心处应重点刻画，增加明暗层次，次要部位次之。这样，强调主体、弱化次要部位，以拉开空间层次，达到美的视觉效果。

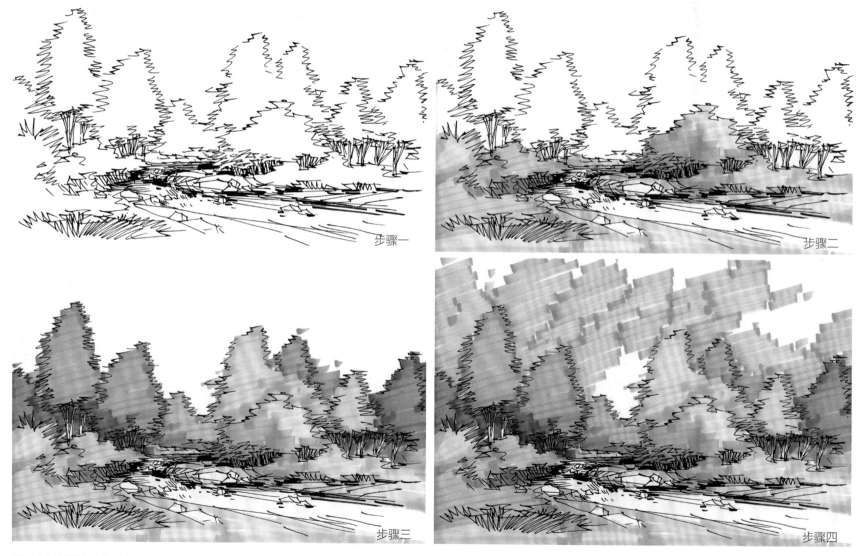

步骤一

步骤二

步骤三

步骤四

■ 树木造型的基本美学原则

②成图　为了增加空间层次、突出主体或视觉中心，主体部位的色彩饱和度要高、色调偏暖，其他部位的饱和度低、色调偏冷偏灰。下图以大面积的天空、树林、草地及水面等场景为主，没有要刻画的单个树，所以主要的运笔姿势为正笔，运笔方法以顺笔为主，暗面阴影叠加叠笔，水面及树林边缘轮廓处加适量顿笔以凸显生气与灵动。笔触之间应尽量少留白，否则画面极易凌乱变"花"。特别要避免用"乱笔""碎笔"去表现，以免出现"花式"天空、"花式"树林、"花式"草坪及"花式"水面。一旦掌握了这种"整体运笔"的表现方法，可以大大缩短作图的时间。

■ 树木造型示例

（2）丛林春夏"马克笔 + 墨线"表现

①**步骤**　春夏时节的自然山水呈现出春意盎然的景象，处处生机勃勃、翠绿欲滴，所以画面以蓝绿色调为主，这样可以更好地表达树林及天空的固有景象。先画前景的树丛和近景草地，再画中、远景树林，然后画天空与水面，最后调整画面以丰富主体部位的细节和层次。

步骤一

步骤二

步骤三

步骤四

■ 树木造型的基本美学原则

②**成图**　为了更好地突出主体，拉开画面的前后空间层次，表达深远的景观效果，前景树丛和近景草地以偏灰的草绿色为主，中景树林采用偏冷的翠绿和钴蓝色，远景树林采用灰蓝紫色，天空采用紫灰色，小溪流水采用浅湖蓝色。画面以斜向顺笔为主，水面则顺着流水方向运笔，天空与水面以顿笔表达行云流水的景象。画面空间层次丰富、中心突出，运笔果断，线条干净利落，表现一气呵成。

■ 树木造型示例

(3) 绿色调丛林 "马克笔 + 墨线" 表现

①**步骤**　自然界中树木最常见的颜色是绿色，因此在快速设计表现配景树时用得最多的就是绿色调。绿色树的纯度不能太高，常用较灰的草绿、中绿、橄榄绿和深绿，尽量少用纯度较高的春绿、黄绿、荧光绿、翠绿等。其表现步骤依然还是从主体树开始，再画远景树和天空，然后画地面，最后画石头、人物，并重点刻画主体树的细节。若是植物配置效果图，则植物颜色的饱和度可以高一些。

步骤一

步骤二

步骤三

步骤四

■ 树木造型的基本美学原则

②**成图**　天空与中景、远景树采用压笔姿势、顺笔形态、几乎垂直的线条平行排列，表达出宁静、清秀的氛围。天空的留白可以表达白云，白云尽量有大有小，有主有次，形态飘逸、流动；白云边缘部位带少量的顿笔表达云的浓淡与形态，增加云层动感。近景主体树先用橄榄绿顺笔以几乎平行的斜向线条快速涂一遍，然后还是用这支笔以较慢的速度画暗面与阴影；因为运笔速度慢，吸入纸里的颜色就多，颜色就深。地面用冷深灰绿色马克笔顺笔从左至右平涂，笔触尽量整体，中间可断开；再在上面用叠笔与顿笔线条表达出地面远近、明暗等效果。

■ 树木造型示例

(4) 灰色调丛林 "马克笔 + 墨线" 表现

①**步骤**　通常情况下，大多数树呈绿色调，因此可以用灰绿色系马克笔来表达幽静、雅致的丛林山色。下图用偏绿的 GG 系列马克笔表达；同时，为了丰富画面的色彩关系，拉开空间层次，天空用稍微偏蓝的 BG 系马克笔表达。表现步骤依然是从主体树开始，然后画树林、天空和地面，最后刻画细节，调整画面。

步骤一

步骤二

步骤三

步骤四

■ 树木造型的基本美学原则

②**成图** 由于马克笔的表现特性与水彩相似，不能反复涂抹与来回补笔，因此在表达天空、远景树林时，运笔尽量一次成型、一气呵成，不能有过多的叠笔和顿笔，否则会导致画面空间层次混乱，整体感差。其主体部位可以重点刻画；树的暗面、地面以叠笔为主，辅以少量顿笔，以活跃气氛。

■ 树木造型示例

（5）暖色调丛林"马克笔 + 墨线"表现

①步骤 暖色调适合表达秋天的景象。下图丛林秋色的主色调为红黄暖色调，天空为紫灰色调，地面为黄灰色调。上色时先画主体树、近景树丛、草坪及中景树林，然后画天空和远景山体、树木，最后画山石和人物。遵循先近后远、先浅后深、先暖后冷的上色顺序。

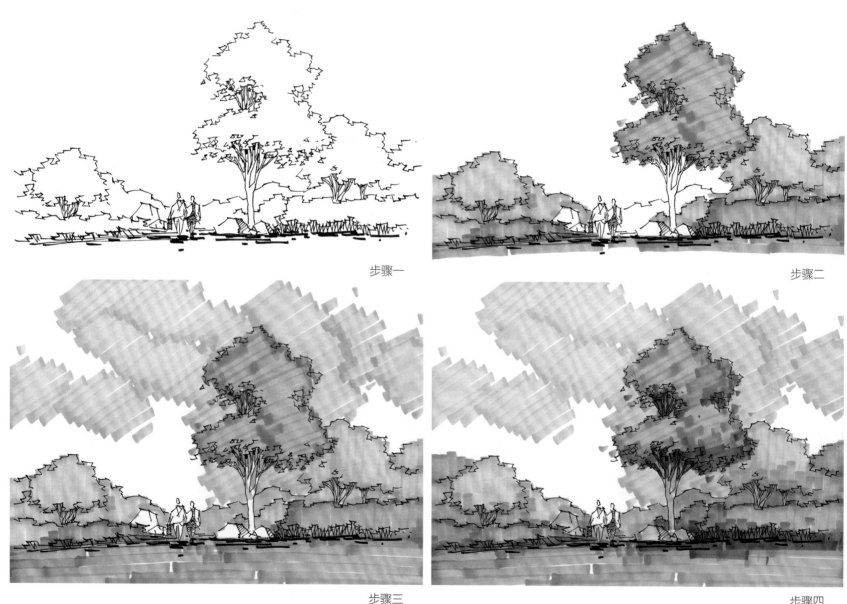

步骤一

步骤二

步骤三

步骤四

■ 树木造型的基本美学原则

②**成图**　天空采用斜向顺笔，更能表达出云的形状和飘浮的动感。主体树的运笔方向与中远景树不一致，以示区别，突出主体，丰富空间层次。地面在大多数情况下以水平顺笔为主，运笔时可适当停顿或顿笔，以增强地面的光影效果，表达远近空间关系。特别要注意的是，主体树的运笔方向尽量不要垂直，可适当倾斜，否则画面主体极易呆板、缺乏灵气；远景或中景树则可以用垂直线条表达；树林、草坪切忌各种"花式"表达。

■ 树木造型示例

4.1.6　平面树画法

　　植物配置常见的平面形式有点状、线状、面状：景观树一般呈点状布置，行道树、绿篱呈线状布置，树丛与树林往往呈面状形态。点状景观树应该重点表达，运笔方向可以多变，色彩也可以更加丰富，光影的明暗对比关系更为强烈；行道树、绿篱及树丛、树林等因形态成组、成线、成面，所以主要表达其大关系即可，运笔方向不必过多，以顺笔加叠笔为主。景观树、景观树丛、模纹花坛等色彩可更加丰富，尤其是表达植物配置设计时，其颜色可根据季相变化而丰富多彩。

行道树（线状）

绿篱（线状）

景观树（点状）

景观树丛（面状）

树丛、树林（面状）

■ 树木造型的基本美学原则

4.2 山石快速表现技法

4.2.1 山石快速表现原则

　　山石和树木、水面、草地等一样，是快速设计表现中常见的视觉要素。山石的表达应遵循"近石远山"的原则，这样才能更好地表达自然环境的空间层次和应有形态。远山重轮廓和大关系，运笔整体概括，线条轻淡；中景、近景山体常呈现出树林形态，其表达应适可而止，不宜过分塑造；而近景山石、水石、景石则可重点刻画与塑造。

强调造型；

以线条粗细表明暗；

山石高低起伏，错落有致；

远景无枝叶，只作轮廓剪影。

4.2.2 水中景石"马克笔 + 墨线"表现

①**步骤** 先用美工笔打底稿，因为美工笔能一次画出不同粗细与笔触锋利的线条，这样可以更好地表现出水中景石的肌理效果及前后空间层次。墨线底稿画完后，先从主体石头开始上色，用斜向顺笔给所有石头上一遍颜色，再换一支颜色稍微深一点的同类色马克笔画暗面与倒影，然后画水面与远处景物，最后加阴影，并调整画面。

步骤一

步骤二

步骤三

步骤四

山石快速表现技法

②成图 画面要表达出一定的空间层次，这样才能表现出美感，因此就要特别处理好画面的素描关系。通常情况下，画面的素描关系比色彩关系更为重要。画面尽量少留白，切忌到处留白，这样画面整体感才强，否则画面很容易凌乱。主体部位应该有意识地加强素描关系，远景及其他地方要减弱素描关系。一旦画面主次不明，空间感就难体现出来，美感就无从谈起。为了统一画面色调，水面可以用偏灰的冷色调表达。水面尽量水平运笔，笔道水平，这样可以表达出水面的水平感，而其他方向的运笔往往很难表现出水面的水平质感。水面加适当顿笔，以表达灵动的水波效果及倒影，同时能增加画面的空间层次，切忌用各种"乱笔""碎笔"去"花式"表达水面和景石。

■ 山石快速表现示例

4.2.3 山石景点快速表现示例

（1）"青云平步"景点设计表现

①**步骤** 下图为湖南浏阳国家森林公园七星岭景区"青云平步"景点设计。在森林公园某一视野开阔的峭壁上架设 4 处悬空观景平台，仿佛云朵浮于山际。以美工笔墨线打底稿后，先从树木绿植开始上色，再画山石与步道，然后画观景平台与玻璃栏板，最后画天空远景。

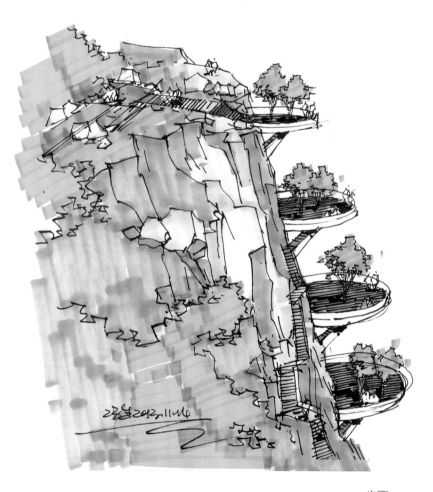

步骤一

步骤二

②成图 景点配词："开阳造化蕴玄机，南望天泉，平步青云梯。"为了表达这种境界，悬崖峭壁采用相对竖向的顺笔线条顺山石结构运笔，远景及云层采用斜向顺笔，边缘处加适当顿笔以表达云卷云舒的自然景象。同样切忌用各种"乱笔""碎笔"去"花式"表达天空和山石。

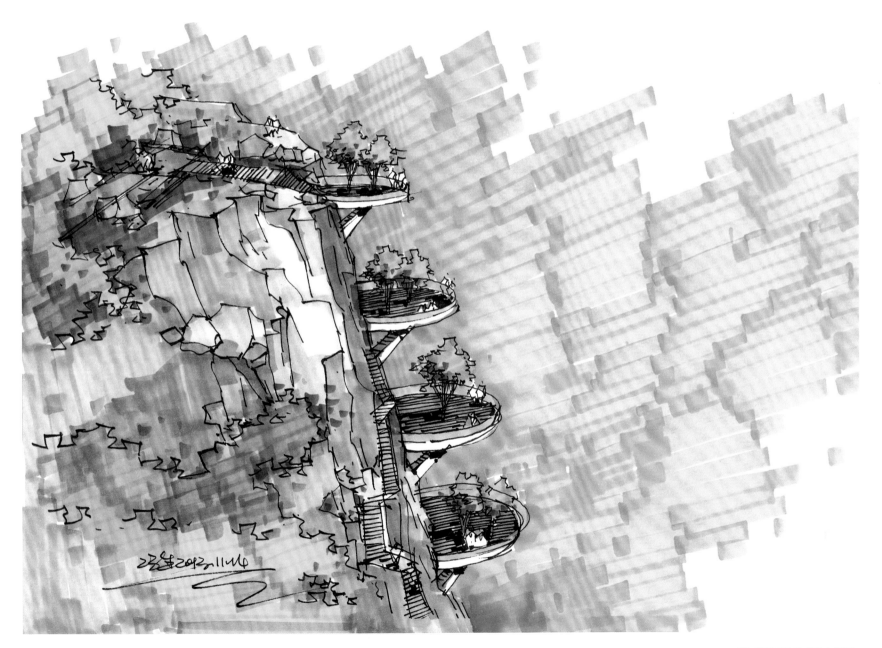

■"青云平步"景点设计

(2) "山水云梯"景点设计表现

①**步骤** 此景点的表现先用 HB 铅笔打底稿，尤其是云的走势，做到胸有成竹之后，才可把握全局、运筹帷幄。铅笔深浅以能够被识别为准（详见步骤一）。上色时从大体量的山体开始，先画较浅的偏暖植被，然后用 GG 系马克笔给山石上色，顺便在下面加倒影（详见步骤二）。再用斜向顺笔画云层，边缘处加少量顿笔以表达行云的质感（详见步骤三）。接着画远山和水面，画远山时先把山体轮廓快速画一遍，然后顺山形运笔即可（详见步骤三及步骤四）。

步骤一　　　　　　　　　　　　　　　　　　　　　步骤二

步骤三　　　　　　　　　　　　　　　　　　　　　步骤四

■ 山石快速表现技法

②**成图** 完成水面刻画后再画玻璃云梯，并点缀空中花园；最后重点刻画视觉中心处的玻璃云梯及附近的山石植被，加强视觉中心对比，填补多余的空白处，调整完成画面。由于视觉中心处的水面有倒影，所以要重点刻画，其他部位的水面一笔略过即可。

"山水云梯"景点设计

4.3 水体快速表现技法

4.3.1 水体快速表现原则

　　水景是工程设计项目中几乎不可缺少的要素,因此在快速设计表现中水的表达尤为重要。水景表达一定要遵循水体固有的自然特性。除了动态水体(如叠水、喷泉、小溪、瀑布)外,其他水体(如景观水池、水塘、江河湖海等水体)在一般情况下呈现水平状,所以运笔时尽量以水平线条为主,其他方向的线条起点缀和活跃水的灵动性作用。线条在保持整体水平的情况下,可以适当曲折、停顿甚至用颤笔表达。

　　无论是铅笔、墨线笔,还是马克笔,尽量用水平线条去表达水面。在画面视觉中心处、水岸线附近、倒影位置,线条可以适当密集,其他地方的线条可以从简。

■ 水体快速表现技法

4.3.2　马克笔表现水面的常见形式

水面表达以水平线条为主，运笔方法主要为顺笔，也可以用斜向线条排列组合，详见下图。用水平线条表达水面时，速度快、效果好、质感强。用斜向线条排列组合时，因线条密集而速度慢，较难表达出水面的水平特性，但也能表现出波光粼粼的水面效果，在此不做特别推荐。水平线条运笔时加适当的叠笔和顿笔，可以更好地表达水面的光影层次、水中的倒影及水波效果。

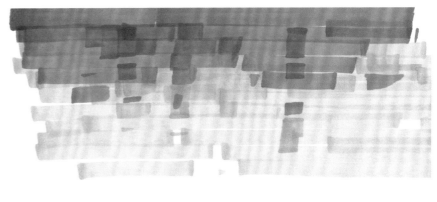

■ 马克笔表现水面的常见形式

4.3.3 水景快速表现示例

（1）碧湖静影景点表现

①**步骤**　画完墨线底稿后先从天空开始上色，当然也可以先从树开始上色（详见步骤二）。云的走势十分重要。画树时先从前景草绿色树开始，再画草地和两侧的树，同时一并画出树林草地在水中的倒影，然后画远景树（详见步骤三）。接着画水面，水面尽量先用水平线条从左至右用顺笔画一遍，再用稍微深一点的同类色马克笔在靠近湖岸线的部位用叠笔画水面，注意不能满涂，要留出近景水面的倒影行云，以反射天光（详见步骤四）。

步骤一

步骤二

步骤三

步骤四

■ 水体快速表现技法

②**成图**　最后重点刻画视觉中心的树丛和水面，加强此部位的明暗对比，增加细节、突出主体、彰显空间层次。天空、水面可以适当运用顿笔，以表达自然山水的灵动和生气。除了天空的白云以外，整个画面尽量不要留白或少留白，否则画面易凌乱。

马克笔上色时，切忌用"乱笔""碎笔""连笔"去"花式"表现天空、水面和植被等部位，否则画面主次难分、支离破碎、凌乱不堪。

■ 碧湖静影景点

4.4 草坪与绿篱快速表现技法

4.4.1 草坪与绿篱画法解析

(1) 草坪画法

画草坪时，尽量顺着草坪或坡地的走势去运笔，也就是说，线条方向顺其自然走势。平地草坪最好采用水平线条，坡地草坪采用大致平行于坡地的线条，并遵循一定的排列规律，做到疏密有致、虚实得当。

平地草坪

坡地草坪

草坪绿篱快速表现技法

(2) 绿篱画法

　　快速设计表现中的绿篱是机械美与自然美的有机结合，表现手法多样，线条排列要有规律并强调韵律感，否则线条杂乱无章、无美感。应避免枝蔓横飞、蓬松凌乱、杂草丛生、原始森林化，更不要把绿篱画成刺猬状、棉花团。为表达光影关系，接近地面的部位颜色要深，线条要有规律地密集排列。

■ 绿篱快速表现技法

（3）绿篱与树林画法

　　绿篱可以看成是很矮的树林，但绿篱线条密集，强调韵律感，外形更加几何化，尤其是模纹花坛的绿篱更加强调几何美，而树林则强调自然、飘逸与灵动的造型。

绿篱与树林快速表现技法

4.4.2 草坪与绿篱画法示例

(1) 草坪画法示例

下图为某台地景观设计快速表达的实例，表达时强调整体，不拘细节。用与坡地大致平行的马克笔线条画草坪，由于远景树林应该整体、概括，所以用最简单的竖直线条表达，这样主次分明、中心突出。草坪用两种颜色，远树用画草坪的浅色过渡后再加蓝灰色，前面道路用冷灰色表达。道路上色时，先画路缘石处的线条，用马克笔顺着路缘石一次性画成，中间可以停顿，然后就可以很轻松地画水平线条；此处的画法步骤最好不要颠倒。值得注意的是，草坪一定要整体，切忌把草坪画成"金属草坪""玻璃草坪"等各种"花式"表达。

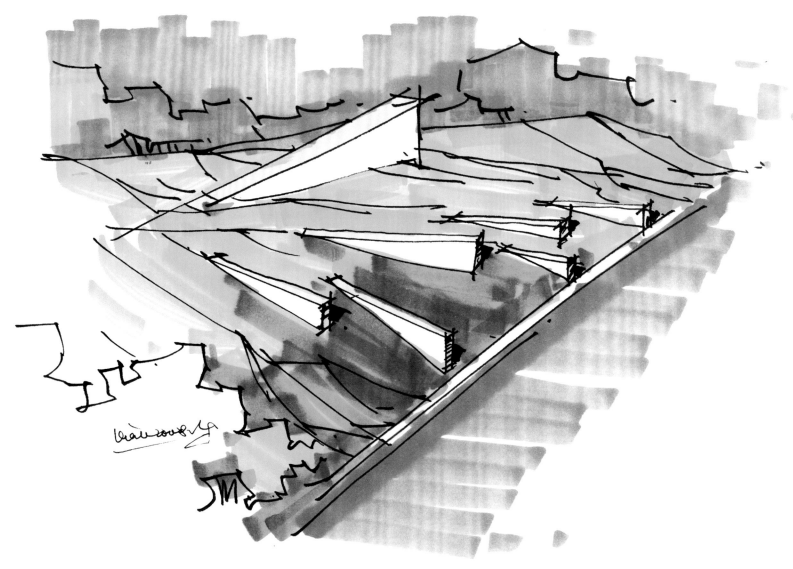

■ 台地景观设计

（2）缓丘凉亭景点设计表现

①**步骤**　上完墨线后先画草坪、道路和凉亭木栈道。草地运笔尽量顺着缓丘坡地的起伏走势。为了突出道路两侧芳草的生长走势，左下角的视觉中心部位采用竖直的笔触表达（详见步骤二）。再画天空和远景树林，斜向笔触可以更好地表达风起云涌的景象（详见步骤三及步骤四）。然后画中景树和主体凉亭，最后深入细节，填补不必要的空白，调整画面直到完成。

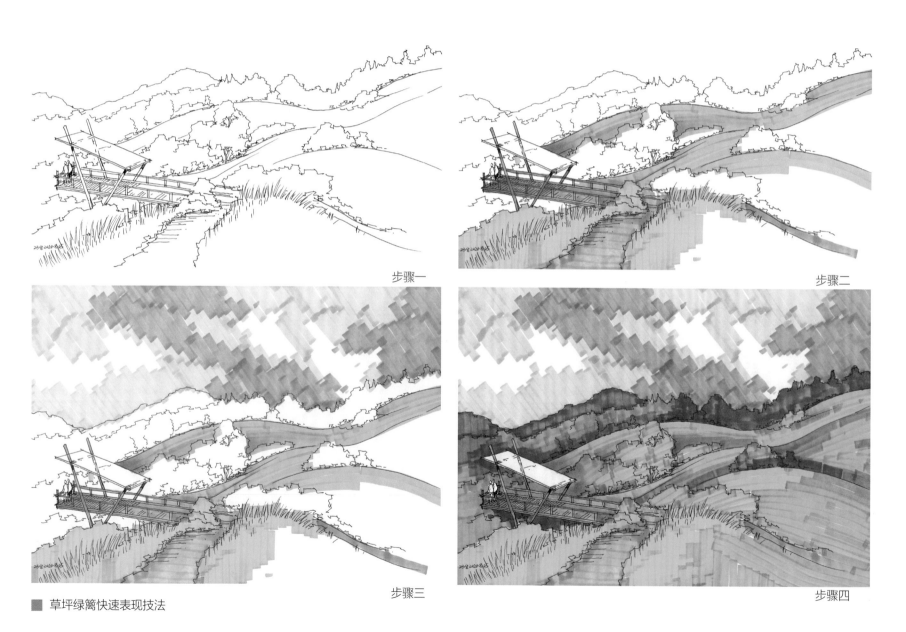

步骤一

步骤二

步骤三

步骤四

■ 草坪绿篱快速表现技法

②**成图**　缓丘凉亭景点为阴天偏冷绿灰色调，遵循前暖后冷、近纯远灰的色彩规律。前、近景草坪为黄绿色，中景草坪为草绿色，远景草坪及树林绿化为橄榄绿色和深冷绿灰色，天空则用偏蓝偏绿的 BG、GG 系马克笔表达。值得注意的是，草坪尽量少留白甚至不留白，否则画得太"花"，会使草坪像水面、金属、玻璃器皿，很难表达出草坪的质感。

■ 缓丘凉亭设计

4.5　云彩快速表现技法

4.5.1　云的形态与常见画法

（1）云的常见形态

　　云彩是快速设计表现中最难画的景观之一，也是最难画好的地方。这是因为，天空面积大，而马克笔笔道窄，再加上云的形态轻盈飘逸、形状千变万化、漂浮不定，因此要画出理想的效果就比较难。

　　要画好云，首先必须掌握云的常见形态，常见的云有积云、积雨云、卷云、浮云 、层云等。积云或积雨云往往呈团状，阴雨天常见；层云呈片状，阴天较常见；卷云与浮云则像羽毛绫纱，轻盈飘逸，晴天较常见。

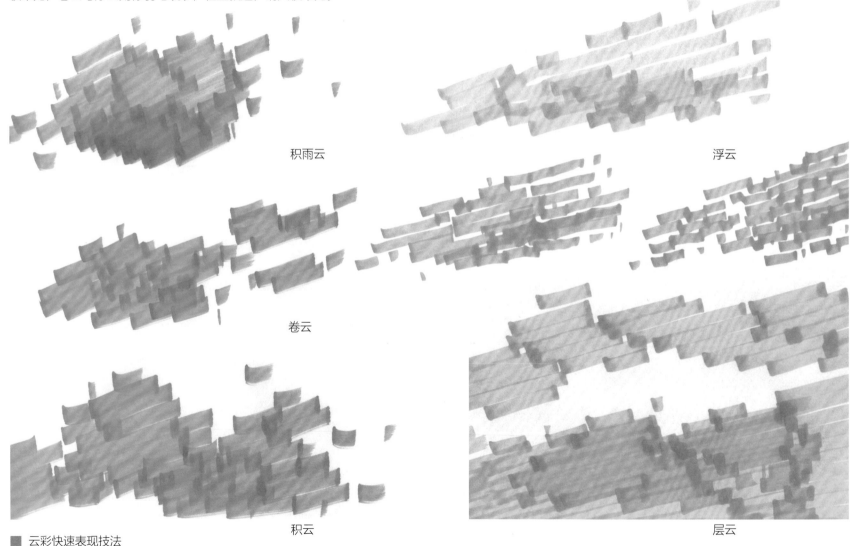

积雨云

浮云

卷云

积云

层云

■ 云彩快速表现技法

（2）常见云彩的画法

画云时必须把其轻盈飘逸、行云流水的质感表达出来，所以云的造型应该灵动、自由，走势应有一定的方向性，尽量避免水平静止状。运笔要放松，在云层边缘处适当加顿笔来表达云的灵动飘逸。晴天的云可以用蓝紫色系表达，阴雨天的云用冷灰色系表达，早晨或傍晚的云可以用橙色系表达。

云的表达要强调整体感、层次感。用马克笔表现天空时，切忌用"乱笔""碎笔""细笔""粘笔""甩笔""拖笔"等各种"花式"运笔去画云彩。

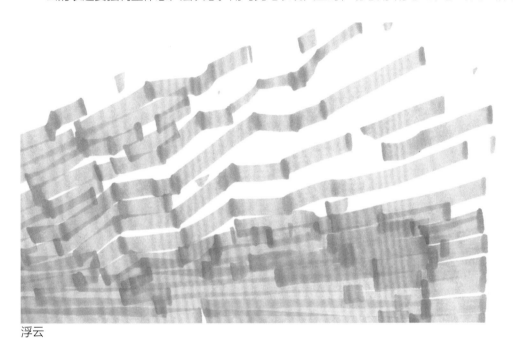

浮云　　　　　　　　　　　　　　　　　　　积云

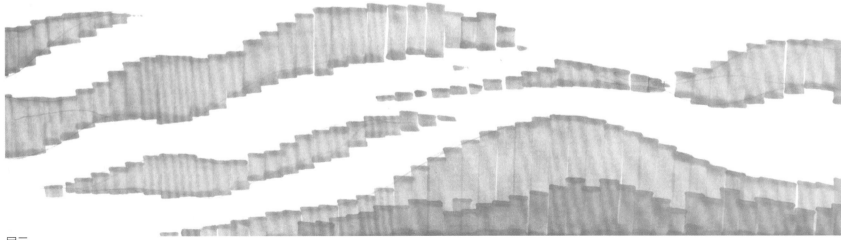

层云

■ 云彩画法示例

（3）相对静止的云画法

相对静止的云适合用方向感较弱的水平线条或垂直线条去表达。为体现云的形态，笔触组之间可留出形状随意、灵活且面积较大的空白；相邻笔触间偶尔留出较细的飞白即可，切不可到处留白，更不应该出现"花式"表达。在色彩运用上尽量采用单一的颜色，或同类色系里不超过三种不同深浅的颜色即可。

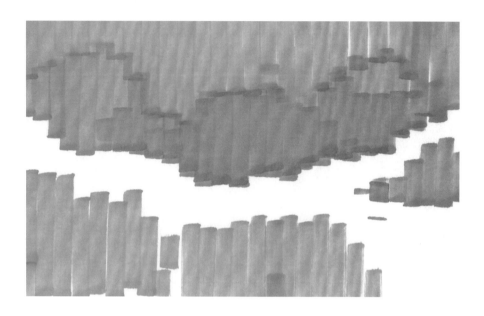

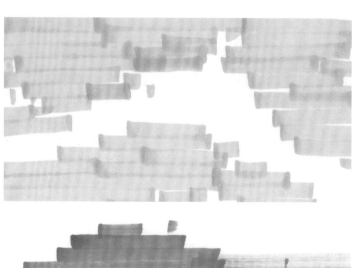

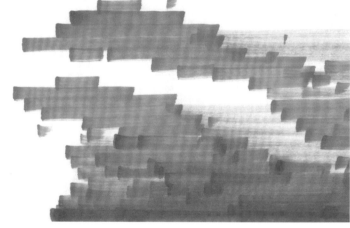

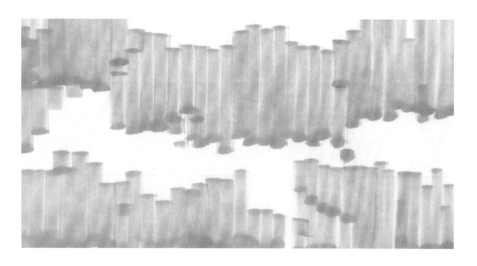

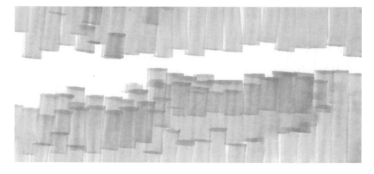

■ 云彩快速表现技法

(4) 积云、层云画法

下图示例为阴天积雨云、阴天层云、晴天积云及大团积云的画法：斜向的线条笔触动感强烈，垂直的线条笔触相对安静。

无论画哪种形式的云，都可以先用轻淡的铅笔线条把云的形态、走势勾出来，然后直接用马克笔上色即可，不必用墨线打底稿或画轮廓。

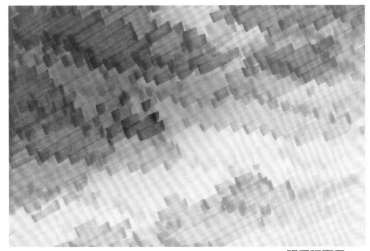

阴天积雨云

晴天积云

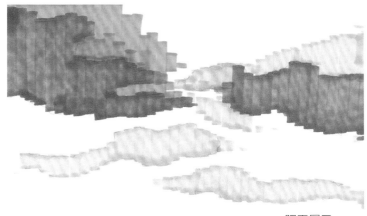

阴天层云

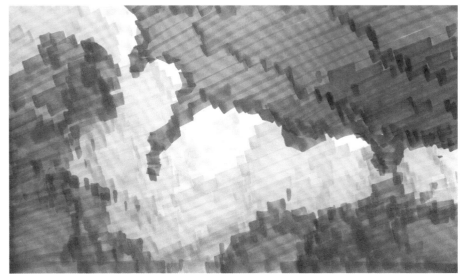

大团积云

①**阴天层云画法**　尽管为竖向线条排列，但因云层层层交错而动感强烈。云层呈现黑、白、灰三个不同深浅的空间层次。

②**大团积云画法**　铅笔底稿构图时应保持积云形态的特色，大、中、小结合，高、中、低错落。上色时适合用斜向笔触去表达，以加强积云动感，避免呆板；从较浅的云开始上色，由浅至深、由前至后去表达；云层的前后虚实层次应拉开。因表现的是阴晴天气，用偏灰的钴蓝色系画天空和积云的亮面与灰面，高光部位直接留白；用偏冷灰的 BG 系画云的暗面。应注意画面不要到处留白，否则会凌乱不堪。

■ 云彩画法示例

4.5.2 云彩快速表现示例

(1) 积云与青山表现

①**步骤** 首先用铅笔打底稿，深浅以能被识别为准。然后用湖蓝色马克笔沿着云的外轮廓线快速地画一遍（详见步骤一）。这一笔十分重要，可以避免后面的笔触误入积云亮面处，也为后面作图提供了十分灵活的运笔方式。接着留出空白，画远处天空（详见步骤二）。之后画白云暗面及山体树林（详见步骤三及步骤四）。至此，整个画面的大关系出来了，最后调整画面、刻画主体细部：用刚才画天空的马克笔在天空右上角重新画一遍，速度稍慢，增加天空的光影层次，避免整个天空深浅一致、画面呆板平淡；在积云边缘的关键部位补加少量顿笔，加强云层的动感与层次，补齐天空左下角不必要的空白（详见成图）。

步骤一

步骤二

步骤三

步骤四

■ 云彩快速表现技法

②**成图** 下图为积云与青山成图。画面构图上，积云与山体、树木高低交错，积云形态变化多端、生动活泼。通常情况下，晴朗的天空最好用颜色较纯、饱和度较高的马克笔去表达：天空用湖蓝色，山体和树木用深灰橄榄绿色。因天空颜色的饱和度较高、面积比较大，所以山体、树木颜色的饱和度要适当降低，否则整个画面纯色太多、色彩饱和度太高，极易刺激观者的视觉神经，产生不适感。

在空间层次上，天空分四个不同的明暗层次，树木、山体分三个层次；在色彩运用上共分三种颜色，天空为湖蓝与浅群青色，山体、树木为橄榄绿。

■ 积云与青山成图

(2) 山风云海表现

①**步骤** 在诸多情形下，快速设计表现作品画面采用灰色调，这是因为，灰色调常常给人以高雅、宁静、和谐、淡定的感觉。如居住、旅游、运动、健身、休闲、娱乐、游戏、幼儿活动等对环境色彩敏感的设计项目，可以用纯度或饱和度较高的原色或间色去表达，而其他如办公、文化、展览、商业等设计项目则可以用灰色系表达，更能贴切地反映设计主题，且效果更佳。下图就是用冷灰色系去表达"山雨欲来风满楼"的山风云海氛围。表达步骤：先用铅笔打底稿，最好把层云的大致走势也画出来。这样，后面马克笔上色时才可以有的放矢、不慌不乱，否则漫无目的地上色极易把画面画坏，只能从头再来。

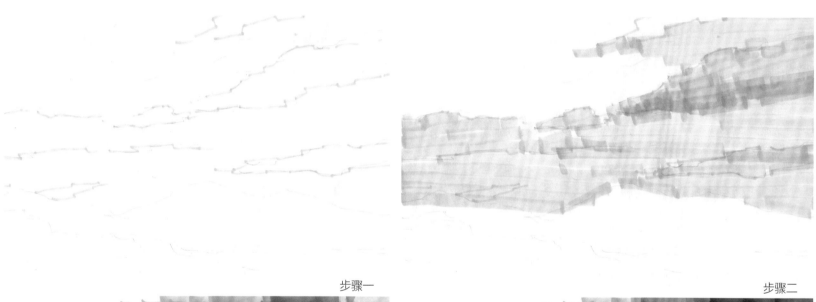

步骤一

步骤二

步骤三

步骤四

■ 云彩快速表现技法

②**成图**　底稿打完后先画层云，再画远山，然后从远至近画中景山体，最后画颜色最深的近山。按照由远至近、由浅至深的顺序去刻画山体。因为深色可以覆盖浅色，马克笔在纸上残留的笔触痕迹就会被前景的深色覆盖而很难显现出来，画面就会更加干净、更为自然和谐。远、中、近山体的构图与造型要仔细推敲，做到前后错落有致、虚实得当、层次分明、空间深远。层云用略带弧形的笔触表达出风卷残云的氛围。

■ 山风云海成图

(3) 暮云秋色表现

①**步骤** 本景点属纯马克笔表现，表现难度较大。先打底稿，用铅笔淡淡勾勒出云、山体及道路的造型。尤其要在云的造型与动感走势上下功夫：有呈块状的积云，有呈线状的浮云；同时，要注意区别积云、浮云的形态特征，云与云之间的上下关系，或云层间存在的前后穿插关系（详见步骤一）。底稿打完后先画前近景即呈暖色调的稻田与道路，以水平线条为主；笔触间可以适当顿笔，以打破大面积暖色调的单调感。再用偏灰的钴蓝色与带暖色调的紫灰色画天空，用斜向顺笔营造大面积天空的活跃氛围（详见步骤二至步骤四）。然后画远山、稻田与道路的暗面及阴影。因远山通常呈蓝紫色，但在暖黄色调的环境中会变成蓝绿灰色，因此用深蓝绿色马克笔完成，同时，加强视觉中心处山体的明暗关系。远山画完后进一步刻画视觉中心，调整画面直到完成（详见成图）。

建筑设计中形体的塑造与空间的演绎应从云层之间的穿插、错落关系中得到启示。

步骤一

步骤二

步骤三

步骤四

■ 云彩快速表现技法

②成图　秋天是收获的季节，常常呈现出暖意洋洋的气氛。丰收的场景很适合用暖色调来表达，但秋高气爽的天空大都呈冷蓝色调。大面积冷、暖补色的平衡与协调是设计人员要处理好的首要问题，这时，只能弱化天空的冷色调，主要是减弱其色彩的饱和度或纯度。因此，天空不用饱和度很高的群青色和湖蓝色，而是采用偏暖的钴蓝色表达，这样能最大限度地协调与统一画面。这就是我们通常所说的艺术处理，在快速设计表达过程中要特意培养自己协调、统一画面色彩的能力。

■ 暮云秋色成图

(4) 夕阳下的城市表现

①**步骤**　夕阳下的城市也是用纯马克笔表达的范例。由于涉及大量建筑，所以用铅笔把云和建筑的大致形态勾勒出来十分必要（详见步骤一），如果不打底稿，则很难控制画面。画面呈常见的不等边三角形构图，建筑形态大致分高、中、低三个层次：近景最高建筑处为画面视觉中心；主体建筑与积云存在一定的前后穿插关系，这样各种形体之间不再孤立，从构图上建立了形体间的联系。三团积云的造型应注意有所变化、高低错落，层云形体间形成适度的穿插关系。云彩的表达可以说是马克笔表现中最难的地方，更何况表达的是带有放射状的耶稣云，还有积云与层云，因此在上色前一定要胸有成竹。笔触的走向十分讲究，耶稣云用放射状线条，积云用略带弧形的笔触，层云则大致水平运笔。画面整体色调为赭黄色系。

步骤一

步骤二

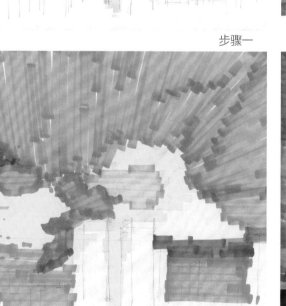

步骤三

步骤四

■ 云彩快速表现技法

②**成图**　打完铅笔底稿后先画天空，然后画建筑，最后调整画面。因为天空颜色浅、建筑颜色深，深色更容易覆盖浅色，从浅至深的表现步骤对加强画面的整体性十分有利。画天空时从最亮、饱和度最高的地方开始，然后层层递进，先画耶稣云、积云，最后在浅色的天空中添加深色的层云（详见步骤二、步骤三及步骤四）。画天空时可以不考虑深色建筑的存在，画面下半部的天空可以用水平顺笔从左至右一气呵成，这样整体效果更好。当然，在建筑体量较大的情形下，可以把建筑留出来（详见步骤三）。表现建筑时要注意建筑之间的前后空间层次：视觉中心的建筑加强明暗对比，其他部位的建筑应减弱对比。

■ 夕阳下的城市成图

4.6 人物快速表现技法

4.6.1 人物的比例关系

　　人物是快速设计表现中十分重要的素材之一。人物不但可以活跃画面气氛，增加画面的生气和活力，同时可以作为建筑或空间尺度的参照物，引导观者从人性化的角度去审视画面。画人物的比例应以头的高度为基准，具体比例如下：大多数人正常站姿身高为头长的 7.5 倍，艺术模特身高为头长的 8 倍；双臂平伸，两端总长度约等于身高；躯干为 3 个头高，手臂整长为 3 个头高，腿部整长为 4 个头高；坐姿为 5~6 个头高，坐于地面约为 4 个头高。这就是"站七坐五盘三半"和"臂三腿四"之说，具体比例关系详见下图。

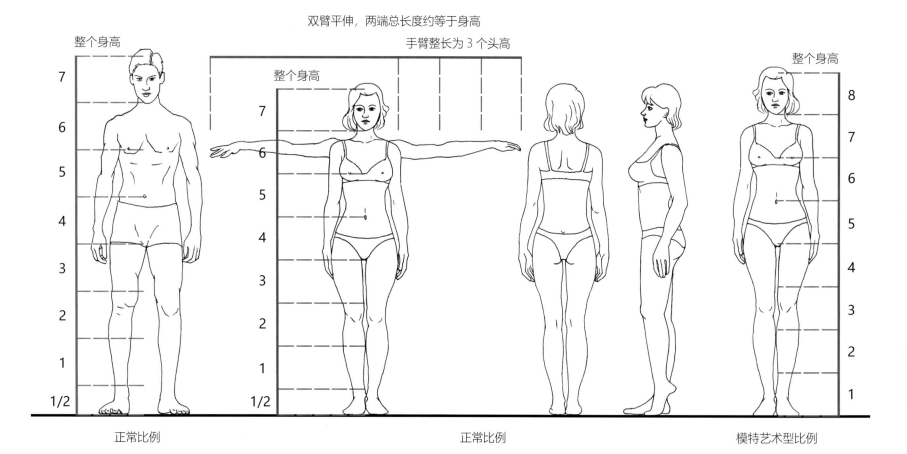

人体比例图解

4.6.2　常见人物画法示例

（1）常见人物画法示例一

（2）常见人物画法示例二

(3) 常见人物画法示例三

（4）常见人物画法示例四

人物快速表现技法四

(5) 常见人物画法示例五

人物快速表现技法五

（6）常见人物画法示例六——运动系列（高尔夫与自行车健身运动）

■ 人物快速表现技法六

（7）常见人物画法示例七——运动系列（高尔夫与自行车健身运动）

4.6.3 人物画法步骤示例

(1) 人物画法步骤示例一 ——单人休闲场景

①**步骤** 以人物为主体的场景必须先用铅笔打好人物底稿，并注意构图。本图采用最经典的"三角美学"构图，人物的头部是画面的视觉中心。然后用美工笔或钢笔画好墨线底稿，再用马克笔上色，上色时应从人物开始，先画面部及四肢，然后画头发与服饰。人物大致画完后再画周边场景及远山，接着画天空，最后调整、完善画面。总的上色原则为先整体后局部，最后回到整体。上色顺序为先浅后深、先暖后冷。

步骤一

步骤二

步骤三

步骤四

人物快速表现技法

②成图　因为整个画面为暖色调，所以远山及天空采用了偏暖的紫灰色系，尽量不用饱和度很高的偏蓝色系，否则画面色彩很难和谐统一。

■ 单人休闲场景成图

（2）人物画法步骤示例二 —— 一家子跑步健身运动（暖色调）

①**步骤** 以人物为主体和视觉中心的画面画法步骤与单个人物休闲场景的步骤大致相同。首先须打铅笔底稿（铅笔底稿略），再上墨线（详见步骤一）。从主体人物开始上色，先画人物面部及四肢，再画头发及服饰（详见步骤二）。然后画周边场景及远山，接着画天空与地面（详见步骤三及步骤四）。最后调整、完善画面（详见成图）。总的上色原则为先整体、后局部，先大面积铺色、后局部刻画，最后调整画面、回到整体。上色顺序依旧为先浅后深、先暖后冷。本小节后面的群体人物画法及上色步骤与此图大致相同，不再赘述。

步骤一

步骤二

步骤三

步骤四

人物快速表现技法

②**成图**　此图为秋意渐浓的暖色调，所以远山及天空采用了偏暖的紫灰色系，这样能更好地与前景的植物色彩协调统一。地面用偏暖的 WG 系马克笔表达。在马克笔运笔时，天空用斜向顺笔加少量顿笔；为与天空区别，远山则以竖向顺笔为主；中景植物以斜向顺笔为主，再加叠笔（暗面处）与少量顿笔（树木外轮廓处）；草地运笔方向尽量与坡地的自然走势一致，这样与自然场景更加贴切；地面则以水平顺笔为主，笔触间留适当空白，以增加光影效果。

■ 暖色调人物快速表现成图

（3）人物画法步骤示例三 —— 一家子跑步健身运动（冷色调）

①**步骤** 画法步骤与上图大体一致，但须注意的是，远山与天空的笔触方向应该有所变化，否则太过雷同，拉不开空间层次，缺乏深度，画面效果呆板、无生气。运笔时一定要注意画面的整体性，尤其是天空、地面的笔触间不能留过多的空白，但也不能完全密不透风。大面积地方尽量用大笔触正笔去表达，即铺大调子；视觉中心处的人物则可以用适量的侧笔去刻画细节。

步骤一

步骤二

步骤三

步骤四

■ 人物快速表现技法

②**成图** 因整个画面为冷色调，所以天空用明度适中的钴蓝色；远山则用稍微深一些的钴蓝与蓝绿色表达，与天空拉开层次。远景地面的植物、中景的树木用橄榄绿色表达，近景的草坪与植物用偏暖的灰草绿色表达，道路及其阴影采用偏冷的 GG 系马克笔表达，更能与大面积的绿色画面协调统一。为了更好地突出人物主体，除了加强人物本身的明暗对比关系之外，还应加深最前面场景及地面阴影的明度，尤其是左下角草坪植物的阴影。

■ 冷色调人物快速表现成图

（4）人物画法步骤示例四——一家子森林登山健身运动（冷色调）

①**步骤**　画法步骤与"一家子跑步健身运动（暖色调）"的画面基本一致，在此不再赘述。因整个画面偏冷，所以天空与远山采用偏冷的群青色系（远山偏蓝绿色）马克笔表达，近景的植物与地面采用偏暖的草绿色马克笔表达，山石则用偏冷的 GG 系马克笔表达。

步骤一　步骤二

步骤三

步骤四

②**成图** 因画面树木较多，枝繁叶茂，所以天空与远山用竖向顺笔运笔，笔触间基本不留空白，以突出前面的浅色树干。如果天空与远山用斜向笔触，那么天空和远山与浅色树干之间的三角形留白必然增多，画面极易凌乱，且很难拉开空间层次。

■ 冷色调森林登山健身运动成图

（5）人物画法步骤示例五——一家子森林登山健身运动（暖色调）

①**步骤**　画法步骤与"一家子跑步健身运动（暖色调）"的画面基本一致。

步骤一

步骤二

步骤三

步骤四

②**成图** 因为整个画面为暖色调，部分天空留灰白，远山用偏暖的紫灰色系马克笔竖向顺笔表达，笔触间极少留白，以突出前面的浅灰色树干；树叶用偏黄、偏红的颜色，前景的山地及山石采用偏暖的土灰色及 WG 系马克笔表达。画面色彩协调，整体感强。

■ 暖色调森林登山健身运动成图

(6) 人物画法步骤示例六——滨水休闲

①**步骤**　画法步骤与"一家子跑步健身运动（暖色调）"的画面基本一致，在此不再赘述。需要强调的是，还是要从主体人物开始画，按照先浅后深、先暖后冷的顺序逐一表达。

步骤一

步骤二

步骤三

步骤四

人物快速表现技法

②**成图** 此滨水休闲人物图面以大面积绿灰色调为主,因绿色可以看成中性色(大部分情况下,绿色被看成冷色调),所以整个画面为偏暖、偏黄的绿灰色调。群体人物的刻画也应该有主有次, 不应该均等对待。本图中的人物主体是偏右的父子俩。

■ 滨水休闲表现成图

（7）人物画法步骤示例七——自行车健身运动

①**步骤**　画法步骤与"一家子跑步健身运动（暖色调）"的画面基本一致。为了突出前景主体，拉开空间层次，天空与远处山体主要用竖向顺笔表达，前景草坪主要采用水平顺笔从左至右平铺，笔触间适当留白，以表达灵动的光影关系。树冠与草地的顿笔表达出郁郁葱葱、生机勃勃的春夏景色。

步骤一

步骤二

步骤三

步骤四

人物快速表现技法

②**成图** 画面整体为中性偏冷色调，但前景因为太阳光照射而冷中偏暖，所以前景草坪采用偏暖的草绿色表达。画面局部点缀饱和度偏高的纯色，以突出活泼、富有朝气的运动氛围。

■ 自行车健身运动表现成图

（8）人物画法步骤示例八——雪天屋外运动

①**步骤**　表现步骤与本章节的人物群体画法大致相似。阴雪天一家子屋外休闲运动，氛围应该轻松、娴静，不必过分强调光影的明暗关系。远处山体、树木先用竖向顺笔大致平行排列，然后用叠笔画出较近的树林，增加远近空间层次，但一定要留出中景部分的树林以表达雪天氛围。

步骤一

步骤二

步骤三

步骤四

②**成图** 画面的视觉中心为前面的两个小孩，应该适当加强其明暗素描关系，可重点刻画其细节。因是阴雪天气，应尽量减弱中景、近景的明暗光影关系。整个画面为冷灰色调，配景植物主要采用 BG、GG 系马克笔来表达；为活跃寒冬气氛，人物服饰采用红色系点缀。

■ 雪天屋外运动表现成图

4.7　车辆快速表现技法

4.7.1　常见车辆的尺寸

　　车辆是快速设计表现图中配景构成要素之一。车辆与人物一样,不仅可以活跃画面气氛,增加画面的生气和活力,同时也可以作为建筑或空间尺度的参照物。在快速设计表现中, 最常见的车辆是小轿车和 SUV 运动型汽车。一般小轿车的长约为 4.9 m、宽约为 1.8 m、高约为 1.5 m, SUV 运动型汽车的长约为 4.7 m、宽约为 1.9 m、高约为 1.7 m。在快速设计图中, 车辆画法以线描为主, 带一定的明暗关系即可。下图是一些常见车辆造型示例。

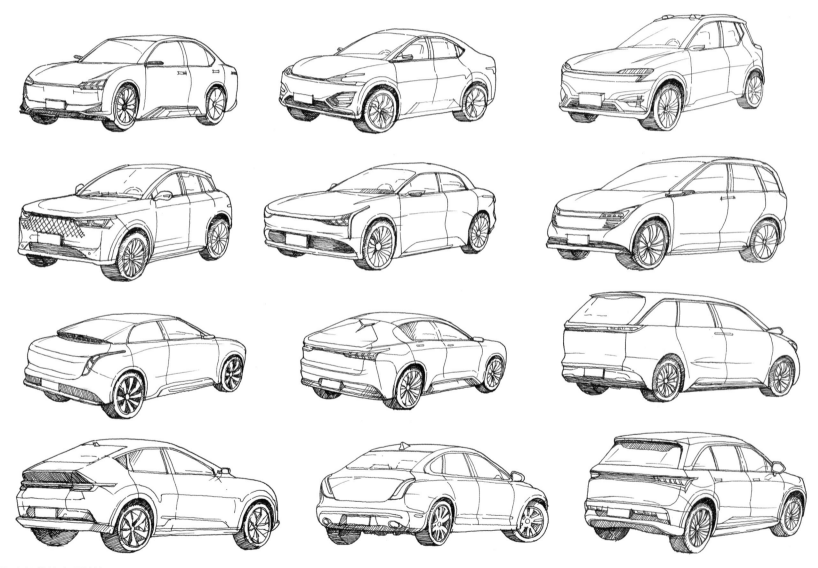

车辆快速表现技法一

4.7.2 常见车辆画法示例

（1）常见车辆"马克笔＋墨线"画法示例一

这一画法为车辆侧面造型画法。马克笔上色遵循满铺的原则，但也应该画出高光与反光，表达金属质感。车身尽量少留白，避免各种"花式"车身。

（2）常见车辆"马克笔 + 墨线"画法示例二

墨线线描车辆正面、背面造型画法。

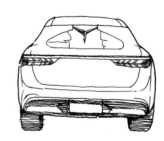

马克笔表现车辆正面、背面造型画法。

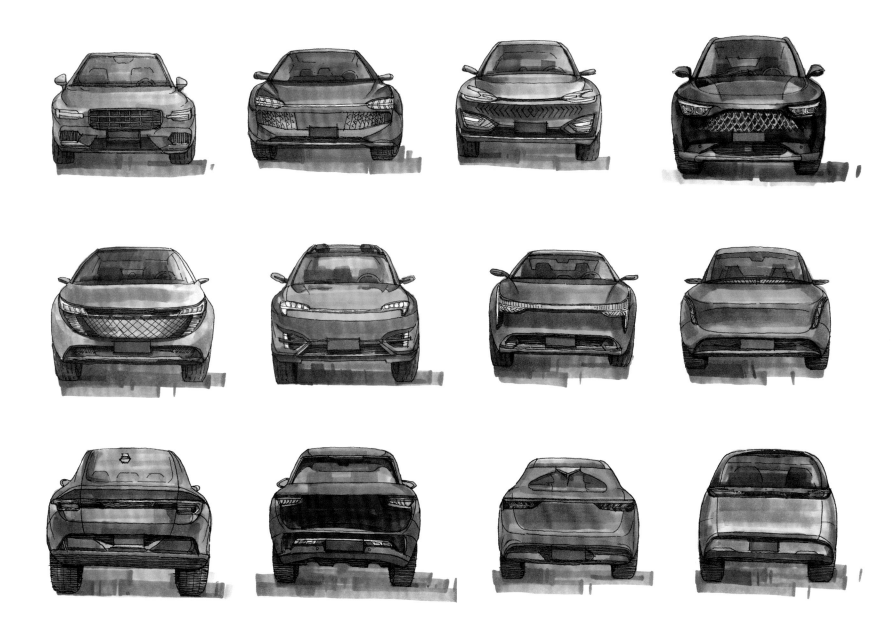

（3）常见车辆"马克笔＋墨线"画法示例三

①步骤 下图为常见的蓝色运动型 SUV 画法步骤。

打完墨线底稿后，先从画面视觉中心处的车辆开始上色，再画天空，然后画地面，接着画山体，最后调整、丰富、完善画面，直到完成。

步骤一

步骤二

步骤三

步骤四

②**成图**　下图为"马克笔 + 墨线"表现蓝色运动型 SUV 成图。

画面整体感强，中心突出，空间层次分明；色彩冷暖运用得当，遵循近暖远冷的色彩规律。为了突出画面主体的汽车，除了天空白云及汽车高光部位留白外，其他地方尽量少留白或不留白，尤其应该避免各种"花式"表达。

■ 蓝色运动型 SUV 成图

（4）常见车辆"马克笔 + 墨线"画法示例四

①**步骤** 下图为常见的浅暖灰色运动型 SUV 的画法步骤。

步骤一

步骤二

步骤三

步骤四

■ 车辆快速表现技法

②成图 "马克笔 + 墨线"表现浅暖灰色运动型 SUV 成图。

浅暖灰色运动型 SUV 成图

（5）常见车辆"马克笔＋墨线"画法示例五

①**步骤** 下图为常见的白色运动型 SUV 画法步骤。

步骤一

步骤二

步骤三

步骤四

②**成图**　下图为"马克笔＋墨线"表现白色运动型 SUV 成图。

■ 白色运动型 SUV 成图

(6) 常见车辆"马克笔 + 墨线"画法示例六

下图为常见的小汽车快速表现画法。运笔洒脱、轻松，色彩雅致、和谐。由于叠笔与顿笔运用得当，玻璃通透、灵动，汽车动感强烈，画面生动活泼。此种表现形式特别适合时间很短的快速设计配景表达。

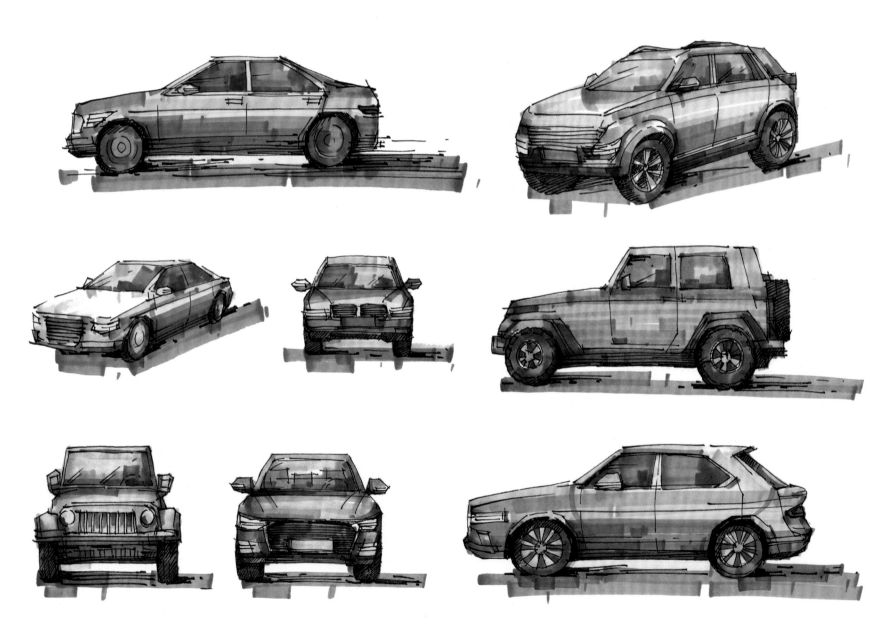

第 5 章
快速设计表现的技法应用
Chapter 5

Application of Techniques for Rapid Design Performance

5.1 铅笔、彩铅表现技法应用 /128

5.1.1 铅笔表现过程详解 /128

5.1.2 铅笔、彩铅表现建筑快速设计 /135

5.1.3 铅笔表现规划快速设计 /142

5.1.4 铅笔表现景观快速设计 /147

5.2 马克笔表现技法应用 /150

5.2.1 马克笔表现过程详解 /150

5.2.2 马克笔表现建筑快速设计 /154

5.2.3 马克笔表现规划快速设计 /160

5.2.4 马克笔表现景观快速设计 /172

5.3 混合表现技法应用 /182

5.3.1 马克笔、彩铅与墨线混合表现建筑快速设计 /182

5.3.2 马克笔、彩铅与墨线混合表现规划快速设计 /186

5.3.3 马克笔、彩铅与墨线混合表现景观快速设计 /188

5.1 铅笔、彩铅表现技法应用

铅笔、彩铅是快速设计表现中常用的工具，具有操作方便、上手快、易于修改等特点。因铅笔或彩铅为固体颜料，颜色颗粒大、表达效果粗糙，难以表达物体的细节或表面光滑的物体，再加上铅笔、彩铅颜色调和的局限性，其表现效果往往没有马克笔、水彩或水粉那样好，但铅笔与彩铅适合于表达山体、树木、植物等自然配景。

5.1.1 铅笔表现过程详解

以下为铅笔表现设计场景的画法示例及过程详解。

步骤一

步骤一

步骤二

步骤二

步骤三

铅笔实例场景画法过程详解示例一

铅笔实例场景画法过程详解示例二

　　此场景为初春或深秋时节的树林，主体树树叶稀疏，画面由远景、中景、近景、前景四个层次组成：远景与中景颜色浅、线条淡、层次弱，近景及右侧视觉中心主体的树木颜色深、层次丰富。注意，远景、中景及近景绿篱线条排列组合的方向基本一致，但为了拉开前后空间层次和避免生硬，绿篱线条排列方向稍微变化。前景地面线条排列根据地形走势而变化，但要注意线条排列的方向感与韵律感。

步骤一

步骤二

步骤三

步骤四

■ 铅笔实例场景画法过程详解示例三

此场景为常绿树林，因主体树体量较大，占大半部分画面空间，所以要注意画面构图，尤其是要留出远景山体、树林与主体树之间的空隙，否则画面缺少空间层次、沉闷、不透气。除前景地面线条根据地势走势变化较多外，其余树木及远山线条方向大体一致，根据树冠形状略有变化。主体树树枝呈放射状布局，左侧次要树林的树枝前后错位、穿插排列、虚实得当。

步骤一

步骤二

步骤三

步骤四

■ 铅笔实例场景画法过程详解示例四

此场景为树叶凋零的渡口。画面为典型的三角形构图，以画面左侧一系列落叶树为视觉中心。落叶树的画法以树主干为中心和重点，运笔尤为重要，线条果断、干净利落、一气呵成；同时让大部分树枝在树干上部的某一位置呈放射状布局，增加树枝的前后穿插关系。

此场景虽有建筑，但位于远处，所以尽量弱化建筑，以增加整个画面的空间景观层次。水面的画法以水平线条为主，这样可以更加贴切地表达水面的"水平"质感。远处的水面线条一定要轻淡，运笔要果断，以表达茫茫无际的景象。

铅笔表现如在同一位置运笔次数过多，则笔道混沌不清，画面容易产生泥腻感及反光现象，所以运笔应尽量果断、准确。

步骤一

步骤二

步骤三

步骤四

步骤五

■ 铅笔实例场景画法过程详解示例五

步骤一

此场景为滨湖景观公园。茂盛的树木掩盖了公园建筑的大部分形体，建筑与环境融为一体。因此，先从前景茂盛的树木开始着笔，然后画中景树林，前景地面、湖岸与水体（详见步骤一），再画远景山体（详见步骤二）。接着画湖畔景观建筑、山上景观塔及湖边栈道，最后刻画主体细节，补充环境层次，调整完善画面，直到完成。

步骤二

■ 铅笔实例场景画法过程详解示例六

滨湖景观公园成图

　　这是一幅以树木为主景、描绘冬天风景的山水画。画面远景、中景、近景层次分明，虚实得当。从近景的主体树开始画，再画远山和近景山石，然后画中景的山体和树林，最后刻画细节、调整完善画面。因为近景主体的树与山石变化丰富，为了拉开前后空间层次，突出主体，中景树林用大致竖向的线条排列，疏密、虚实有致。

■ 铅笔实例场景画法过程详解示例七

5.1.2 铅笔、彩铅表现建筑快速设计

铅笔、彩铅表现在设计方案构思及推敲阶段运用较多，尤其是铅笔，常用 4B~6B 铅笔表现，表现时也应避免各种"花式"表达。

(1) 湖南某乡村住宅设计

下图为湖南某乡村住宅设计铅笔草图。建筑平面采用集中式布局；立面造型采用空间构成手法，通过体块的相互穿插、咬合、对比及高低错落等形成丰富的光影关系，削弱平面集中式布局所形成的紧迫感，并与周边环境融为一体。

■ 湖南某乡村住宅设计

(2) 山地文化展示中心设计

　　建筑平面采用流线型布局，空间体块高低起伏，整体造型与周边意象化的山体形态遥相呼应。因是一种概念化、抽象化的表达形式，运笔讲究行云流水、一气呵成。

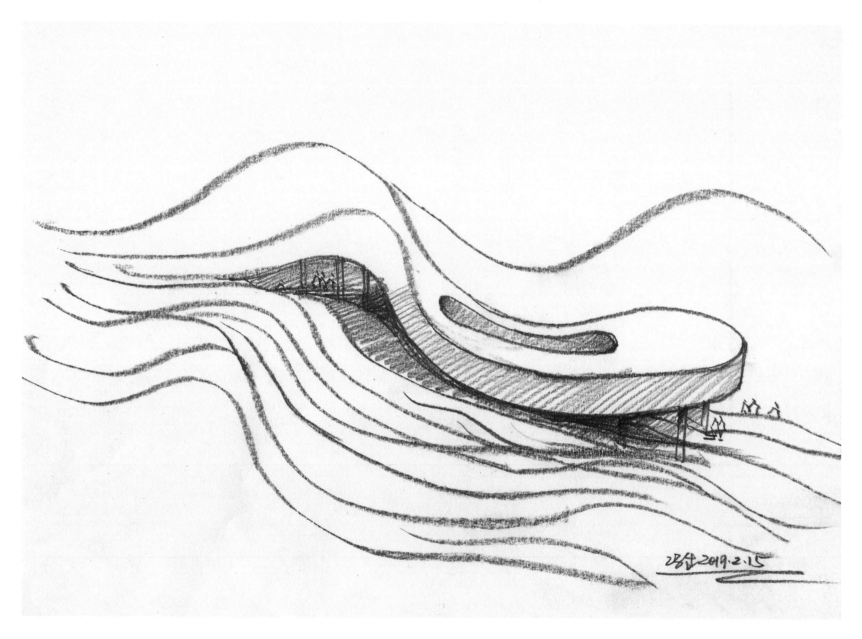

(3) 鄂东狮子堰村洞沟垸传统村落游客中心设计

该设计方案构思源自洞沟垸传统村落后山山体及村内大型石块造型。屋顶及主入口造型似山石，体块大小各异、高低错落、穿插咬合，形成强烈的光影效果。景观平台向水面自由延伸、相互穿插，溪水自平台旁流过。游客中心与溪水、山体、石块、树木自然结合，与周边环境相呼应。外墙立面采用当地木材、石材，与村落风貌相契合。粗犷的铅笔纹理效果与乡土建筑的自然古朴不谋而合。表达时要注意前后层次与虚实关系。

■ 鄂东狮子堰村洞沟垸传统村落游客中心设计

（4）湖北龙泉花海景区田园综合体游客餐厅方案设计

餐厅位于水边，沿水边部分做架空处理，加强与水体的互动与融合。画面为"三角美学"构图，整体造型采用分散的双坡屋面形式，与周边民居造型相呼应。设计表达突出主入口及架空餐厅部分，弱化其他功能体块，概括、简化远景山体和树木。

■ 湖北龙泉花海景区田园综合体游客餐厅方案设计

(5) 鄂东徐亮村养生会馆方案设计

建筑位于鄂东徐亮村赤龙湖畔，背山面水，环境优美。屋顶采用多段双坡屋面形式，高低错落，以弱化建筑给周边环境所造成的压迫感。设计表现以主入口部位为画面视觉中心，概括处理远山、远景树林；强化中景树林轮廓，适当增加暗部线条，以表达基本的明暗关系；前景坡地运笔随地势而变，入口及水面以水平线条为主。

■ 鄂东徐亮村养生会馆方案设计

（6）彩铅表现建筑快速设计

下图四个建筑均由彩铅表达。由于彩铅带有色彩倾向，所以画面更显生气、活泼。建筑体块线条尽量顺着透视方向去组织，尤其是暗面，这样更容易表达建筑的透视空间效果。其他配景如云、树木等的线条方向不要变化太多；地面以水平线条为主，从左至右一笔拉成。

■ 彩铅表现技法应用

(7) 某餐厅快速设计

此设计为课堂教学现场示范作品。建筑造型尽量保持基本形的统一，通过体块减缺、切割、位移、错落、穿插等手法，丰富空间造型。以建筑左侧主入口部位为视觉中心，其他部位层次依次减弱。建筑右后侧的树木及灌木丛适当分明暗，远景树木线描一笔带过；地面以水平线条为主，入口处线条顺着入口方向组织；前景坡坎地形的线条顺其走势而变。运笔果断、迅速，笔道干净利落、铿锵有力。

彩铅表现建筑快速设计

5.1.3　铅笔表现规划快速设计

（1）鄂东徐亮宾馆修建性详细规划设计

①鸟瞰图表现过程

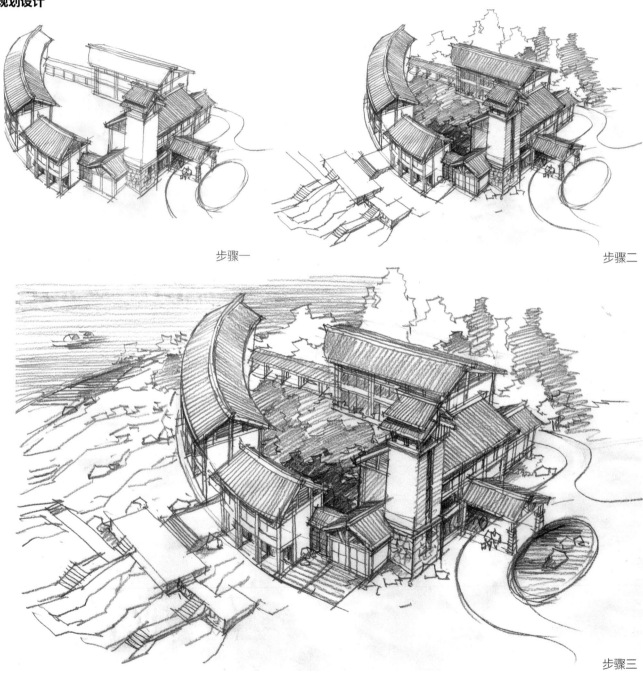

步骤一

步骤二

步骤三

■ 鸟瞰图表现步骤

②鸟瞰图成图 徐亮宾馆位于鄂东风景优美的赤龙湖畔，东、南、西三面环水，北面枕靠小山头。其外观造型采用新荆楚风格，体现浓郁的地域文化特色。表现时从主体建筑开始，然后画建筑后面的背景树木及内部庭院环境，再画西南坡地、山石、水面等配景，最后深入刻画主体建筑，补充、完善周边环境直到完成。

■ 鄂东徐亮宾馆鸟瞰图成图

③**总平面图表现过程**　绘制规划设计总平面图时，先从周边道路、环境开始，这样便于控制整体效果（详见步骤一）。然后画主体建筑屋顶平面及其他周边环境，如等高线、游步道、观景平台、停车场、水面等（详见步骤二）。再进一步刻画建筑主体，分出明暗，画出阴影，加暗水面（详见步骤三）。接着画行道树、景观树、树林、树丛、景石等。最后刻画细节，加强主体建筑明暗对比，调整、完善画面直到完成（详见步骤四和成图）。

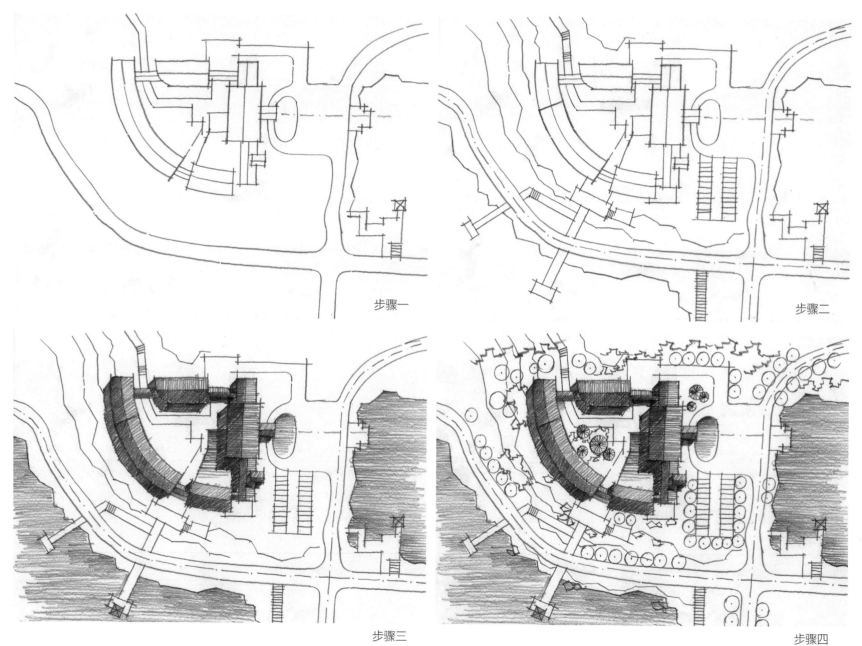

步骤一

步骤二

步骤三

步骤四

■ 总平面图表现步骤

④**总平面成图** 总平面图必须把周边道路名称、重要环境景观名称、建筑各出入口、建筑主要功能和层数、指北针及比例尺交代清楚。

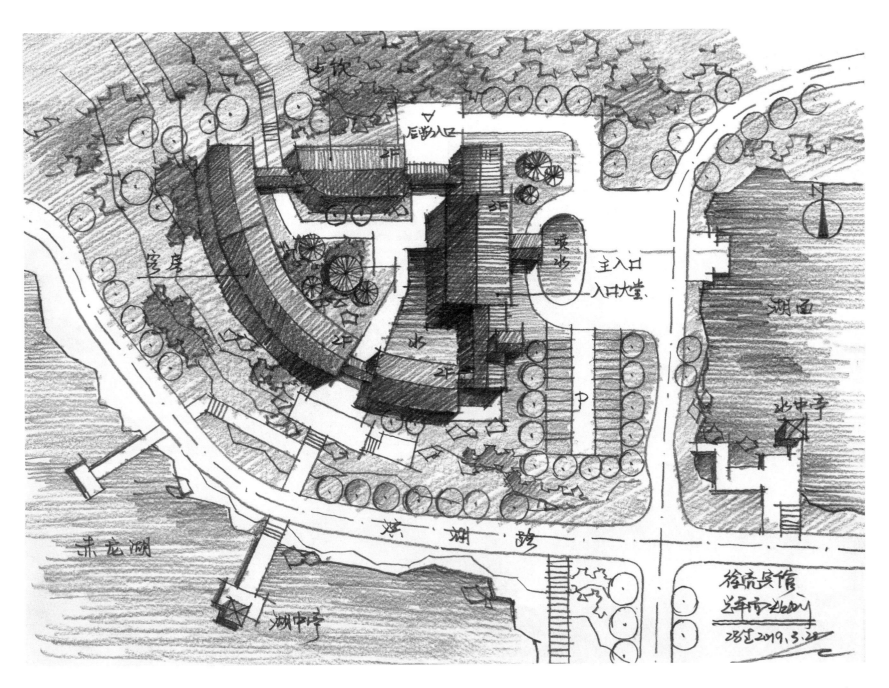

■ 总平面图成图

(2) 水墨青山——某风景区修建性详细规划设计鸟瞰图

该风景区规划设计鸟瞰图表现时的重点是突出规划的主体建筑或景观，弱化自然山体。重点刻画左下角视觉中心处的建筑群，使明暗对比较强、层次丰富；远山形虚，重在概括；中景山体适当加强明暗关系；强化视觉中心处的近景山体、树木；减弱右下角非视觉中心前景树木的明暗对比，虚化其空间层次。

■ 水墨青山铅笔表现技法

5.1.4 铅笔表现景观快速设计

铅笔表现是景观快速设计最常用的表现形式之一，常采用 4B~6B 铅笔去表达；表现时应注意画面的整体性，突出画面中心。

（1）南方某景区休闲景观亭方案设计

该景观亭的双坡屋顶造型与周边山体相呼应；斜柱造型与周边椰子树的树干斜向生长交相辉映，同时斜柱又表达张力、营造活跃气氛；平台吊脚架空，以适应南方的潮湿气候。画面以景观亭为视觉中心，适当增加左侧近、前景的椰子树和山石的明暗关系，地面线条走势顺应自然地形；远处的树木及山体重轮廓，概括处理。注意椰子树的主次关系：为平衡画面构图，重点处理左侧靠景观亭的椰子树，加强其明暗、层次关系。

■ 铅笔表现休闲景观亭快速设计

(2) 鄂东徐亮村大门设计

该大门位于鄂东徐亮村村部入口处。大门造型似"双人徐"字，与当地徐姓人家较多的特点相吻合，为新荆楚风格，体现地域民俗特色。表现时结合地形，还原乡土风貌，突出主体大门，弱化周边配景。

铅笔表现徐亮村大门快速设计

(3) 鄂东徐亮村滨湖竹庐设计

该景点位于鄂东徐亮村东南部风景优美的赤龙湖畔。竹庐采用双坡屋顶造型，排水顺畅；就地取材，用竹柱斜向支撑结构，与周边竹子的生长习性相呼应；为减少湖边、山脚潮湿气候对竹庐的影响，竹庐下部吊脚架空，抬高观景平台，供游人登高望远。表现时加强入口朝湖面的明暗、对比关系，突出光影效果，丰富空间层次；加大竹庐后面左侧竹林的明暗对比，减弱远处竹林的层次；简化处理右侧远处的树木、湖岸坡地与水面。

■ 铅笔表现滨湖竹庐快速设计

5.2 马克笔表现技法应用

5.2.1 马克笔表现过程详解

常见的马克笔表现形式有"墨线 + 马克笔"和纯马克笔两种。纯马克笔表现比"墨线 + 马克笔"表现难度大，这是因为纯马克笔完全依靠笔触去塑造形体、表现空间，而"墨线 + 马克笔"表现中的墨线能更加直观地表现出形体造型及场景的空间关系，所以，"墨线 + 马克笔"更容易出效果，也最常见。

（1）海滨茅庐

①**步骤** 该建筑位于南国滨海某度假区，用墨线马克笔表达。用美工笔打完墨线底稿后，先从主体建筑暖色调开始上色，再画冷灰色玻璃和天空，然后画水面。接着画水中倒影、暗面及阴影，最后调整、完善画面，直到完成。

步骤一

步骤二

步骤三

步骤四

马克笔表现海滨茅庐步骤

②**成图**　马克笔上色基本原则：先浅后深，先暖后冷；先铺大调子，先整体、后局部，先主体、后次体；不同界面、不同颜色交界处运笔，要运在结构或转折部位；时刻注意保持画面色彩的协调、统一。该画面的主体建筑为暖色调，所以天空、水面采用偏暖的紫灰色调，从而达到画面整体色调的统一。

马克笔表现快速设计时，一定要避免各种"花式"表达。

■ 马克笔表现海滨茅庐成图

(2) "层林尽染"

①表现过程 下图为某风景区丛林秋色中的小木屋设计。表现时以丛林深处的滨水小木屋为视觉中心，描绘一派层林尽染、秋意盎然的大自然山水风光。先用美工笔墨线打底稿，画出小木屋、坡地、山石及水面（详见步骤一）。上色时从主体小木屋开始，然后画大面积的水面及远处天空（详见步骤二）。再画丛林树木，因树木没有墨线底稿，所以从颜色浅的树叶和远处很淡的树干开始，接着画颜色较深的树干、树枝（详见步骤三及步骤四）。最后画水中倒影、林中落叶，补充细节，刻画主体，加强视觉中心的层次和对比，调整画面直到完成。

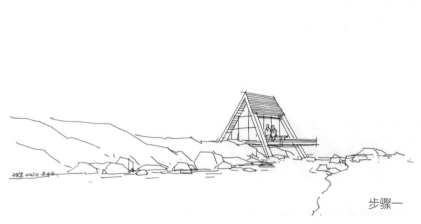

步骤一

步骤二

步骤三

步骤四

■ 马克笔表现"层林尽染"步骤

②成图　因大面积树林没有墨线底稿，马克笔上色时全凭感觉和临场发挥，表现难度很大，所以要做到胸有成竹。表现过程一定要遵循先浅后深、先纯后灰的原则，否则画面很容易一片灰暗。秋天树干、树枝外露较多，所以要画出落叶稀疏的效果，就必须研究树的生长规律——树枝与树叶常呈相互穿插的现象，但树叶外不能画过多的树枝。最后，要注意画面色调的协调统一，运笔要果断、干净、利落，绝不可反复描绘。

■ 马克笔表现"层林尽染"成图

5.2.2 马克笔表现建筑快速设计

（1）宁波苏湖度假区水晶钻石宾馆设计构思

①方案一 水晶钻石宾馆位于宁波市苏湖度假区，建筑背山面水，视野开阔、环境优美。宾馆中庭顶及入口处的观景电梯造型似水晶钻石，晶莹剔透，高贵典雅。客房平面采用"U"字形，面向湖面；外观采用退台的形式，使每间客房都能最大限度地欣赏湖面景色。屋顶为深蓝色，与主入口水晶钻石造型的颜色相呼应，结合主入口潺潺流水，营造出新颖、浪漫的度假氛围。在表现形式上，背景植物主要采用竖向马克笔笔道，地面采用水平笔道，并结合多处顿笔，表达活泼、灵动的山水空间。空间造型手法详见方案二。

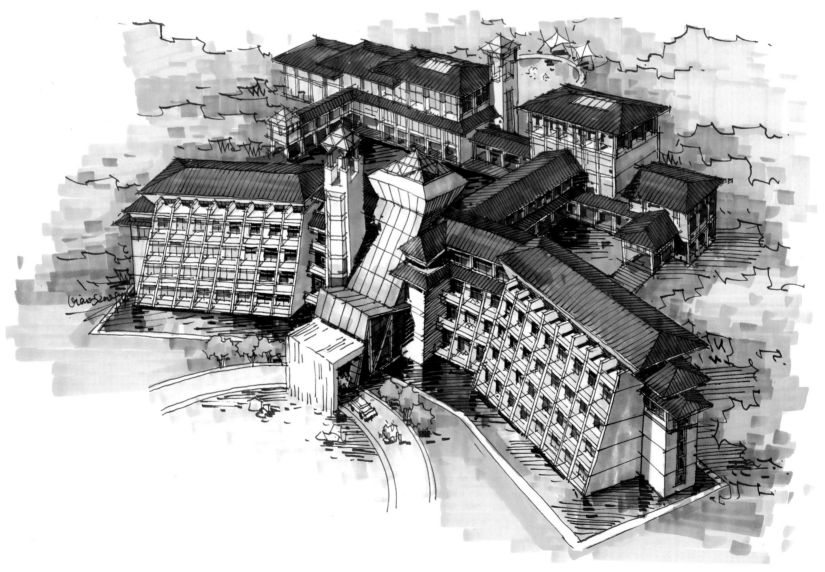

■ 马克笔表现建筑快速设计一

②**方案二** 采用深冷灰色四面坡屋顶，通过基本型的大小与方向变化，穿插、咬合、高低错落等手法，形成纵横交替、韵律节奏感极强的建筑造型；结合平面功能及环境，形成可开可合、空间层次丰富的庭院形式，营造出高贵、典雅的亲水观山空间。为争取让更多的客房能看到湖景，扩大景观视野，建筑平面采用折线形，主体客房立面向外倾斜、朝向荪湖。表达上，背景树木等植物用马克笔斜向笔道运笔，前景草坪用水平笔道排列，形式整体感强，表达快捷，效果良好。

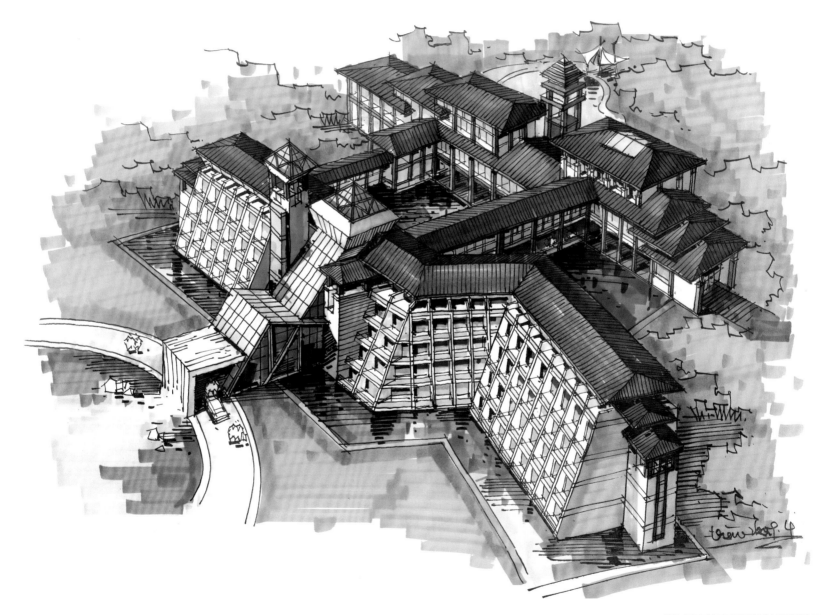

马克笔表现建筑快速设计二

③**方案三**　外观造型采用端部突出、向两侧山体延伸的特色双坡屋顶，与周边山体相呼应，空间造型手法与方案二大致相同。屋顶颜色为深棕色，整体为暖灰色调。表现时，打完墨线底稿后，先用马克笔从玻璃与水面处开始着笔，然后画屋顶与墙体暗面，再画树木、草坪，接着画墙体亮面，最后补充刻画细节，调整、完善画面直到完成。

马克笔表现建筑快速设计三

(2) 鄂东银湖龙山度假宾馆设计构思方案

　　鄂东银湖龙山度假区宾馆位于风景优美的大别山麓。下图为最初的构思草图。屋顶采用双坡与四面坡相结合的形式，通过体块纵横对比、穿插与高低错落等造型手法，结合地域建筑特色，营造出带有浓郁的新荆楚风格的度假宾馆。建筑整体为暖灰色调，因是最初构思，墨线表达形式随意、自然、不拘谨。屋面运笔顺其坡度走势，以水平马克笔笔道为主。远山及树木采用竖向笔道，中景、近景植物采用斜向笔道与水平笔道相结合方式。草坪及水面以水平笔道为主，水面多顿笔，以表达水的灵动。表现顺序依次为玻璃、屋面、屋架、墙体暗面、建筑阴影、远山树木、中景植物、前景草坪、入口道路及水面、墙体亮面与灰面。

(3) 湖南宁乡城市规划展览馆方案设计构思草图

　　为体现现代城市规划与建设的特性，湖南宁乡城市规划展览馆造型由大小不一的两个几何体块采用构成的手法组合而成。主入口左侧体块从上面大型架空体块的下面穿插而出，伸向水面，两者共同形成各具特色的灰空间和极具光影效果的体块组合。建筑周边的城市景观渗透入建筑内部，加强建筑与环境的互动与联系。画面整体为暖灰色调，建筑及地面为驼色系列，远景树木及水面为冷灰色调，中景树木为中性偏暖的橄榄绿色，近景、前景植物与草坪为黄绿暖色调。马克笔上色时，笔道尽量顺着建筑体块的透视方向，以增强空间层次与景深。

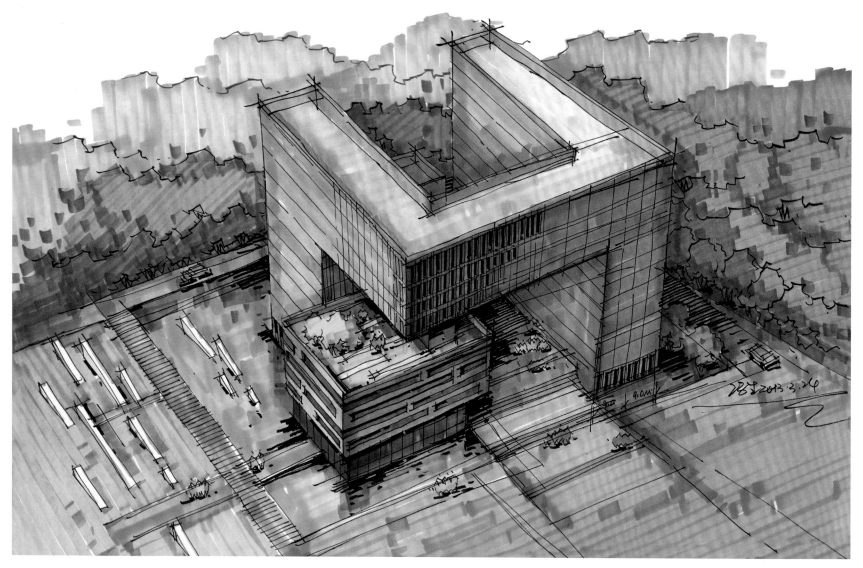

马克笔表现建筑快速设计五

(4) 银川市某综合楼设计构思草图

　　建筑外墙的玻璃形式及转角视觉中心的曲面玻璃体造型从当地的特色建筑符号中抽象、提炼而来，体现了浓郁的地域特色。整个画面为冷灰色调。因在硫酸纸上用马克笔表现，颜色相对较浅，层次不如在普通白纸上那样丰富。因硫酸纸的半透明特性，加上油性马克笔笔道，画面呈现一丝油画般的效果。硫酸纸吸水性差，上色时运笔要十分果断、干净利落，切忌翻来覆去地涂描或叠加。

■ 马克笔表现建筑快速设计六

5.2.3 马克笔表现规划快速设计

(1) 修建性详细规划设计课堂教学示范

①**总平面图一**　下图为课堂教学现场示范作品，整体画面为土赭色系暖色调。规划设计构思采用网络位移法与基本形母体法相结合的手法。因为是课堂即兴设计创作，墨线线条表达较自由、随意。上色时先从建筑屋顶开始，然后给滨水木栈道上色，再画玻璃和水面，接着画草坪、绿篱、行道树等植物绿化，然后给硬质铺地、停车场和道路上色，最后刻画主体，加强其明暗对比与空间层次，填补过多的留白，调整、完善画面，直到完成规划设计表达。

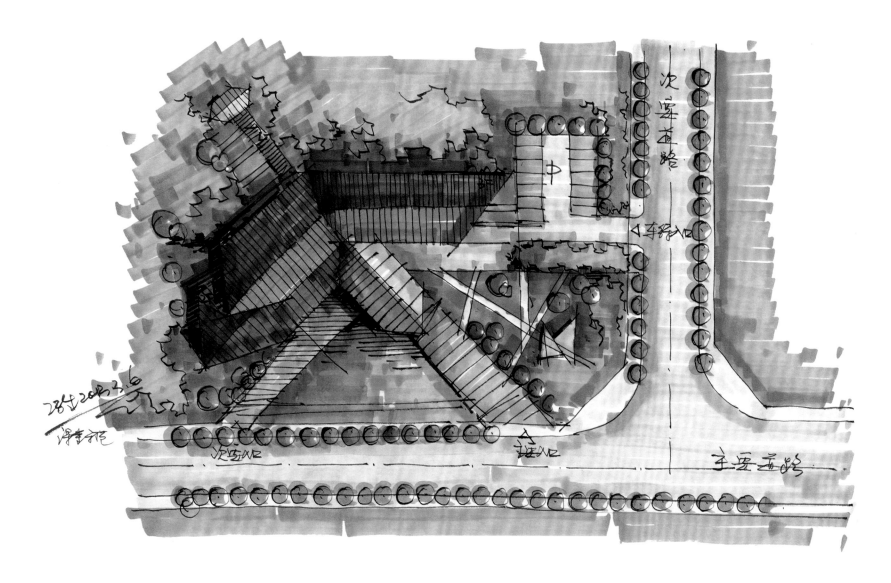

■ 马克笔表现规划快速设计一

②**总平面图二** 下图为课堂教学现场示范即兴创作设计作品，整体画面为偏暖的灰绿色调。规划设计构思方法同上图，采用网络位移法与基本形母体法相结合的手法。表现手法及绘图顺序同上图。为体现水的灵动与通透，水面表达多顿笔，尽量少留白；场地四周的笔触略显参差不齐，笔道间留少量空白，以增强画面生气，避免呆板。

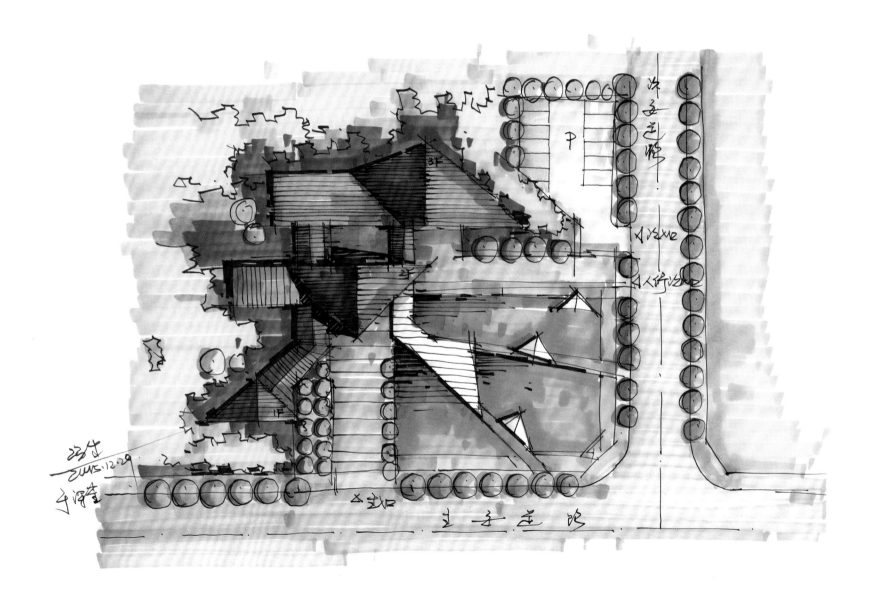

■ 马克笔表现规划快速设计二

③**总平面图三** 下图为课堂教学现场即兴设计示范作品，总平面采用基本形母题法组合构成。用暖色调表达，为统一色调，玻璃与水面采用偏暖的紫灰色马克笔上色。运笔时用大笔触从左至右，干净利落、一气呵成。草地、树木等植物先用浅赭灰色马克笔以顺笔方式快速地画一遍，然后用同一支马克笔以较慢的速度画树木、树木阴影及建筑物在植物上的阴影。因为运笔速度较慢，马克笔颜色被纸张吸收就越多，颜色就越深。水面表达方法与植物表达一样，只是顿笔相对较多。

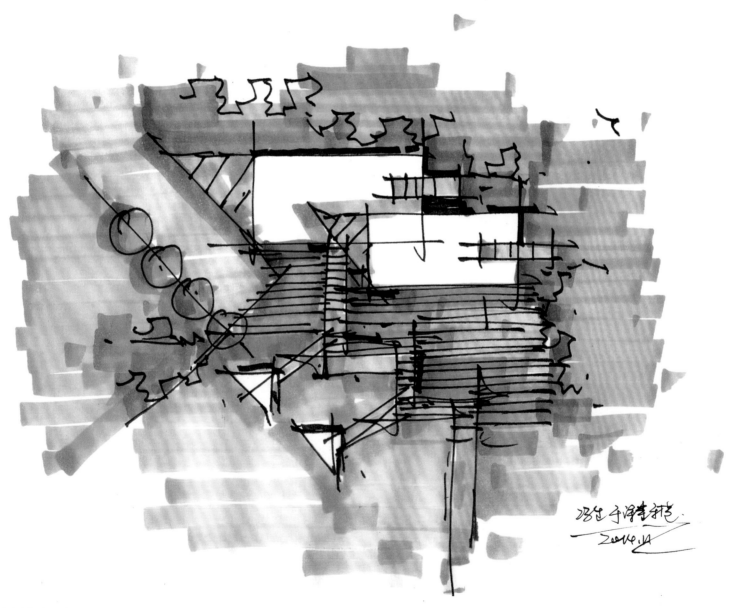

(2) 郑州工业安全职业学院新校区规划方案总平面图（局部）

为体现宁静、绿草茵茵的高校校园环境，本规划设计总平面图采用偏冷的蓝绿灰色调，只在主入口左侧的时空广场、生态步行长廊等少数地方采用偏红的淡暖灰色。马克笔上色时先用顺笔方式平涂一遍，表达顺序依次为玻璃、水面、绿篱与树丛及行道树、草坪、铺地。然后，用各自固有色的深色画对应的阴影。注意，草地边缘处的形体应适当变化，不能太整齐；水面与玻璃添加少量顿笔，突显其透明特性；笔道间少留白，避免画面太"花"。

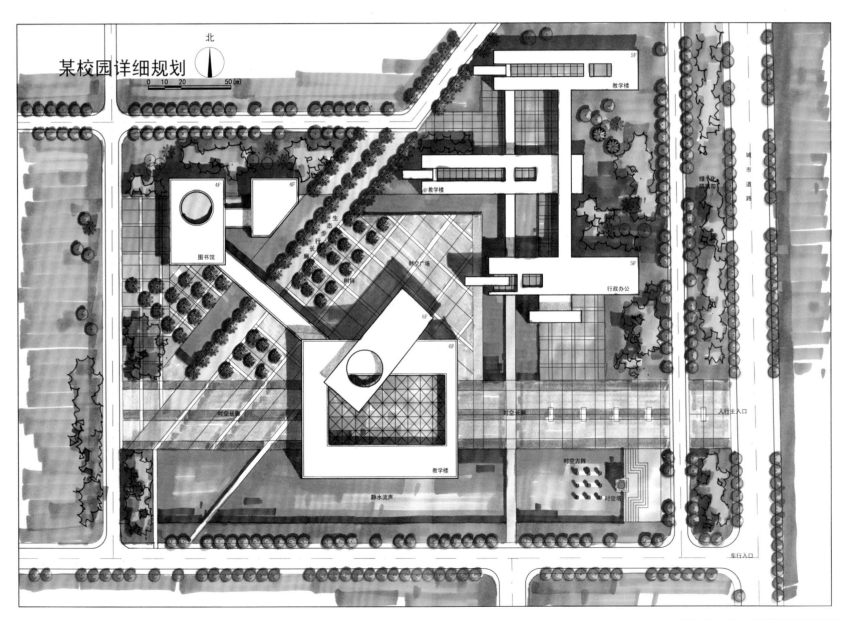

马克笔表现规划快速设计四

（3）湖北蕲春马铺民众家园小区修建性详细规划总平面图

    该规划总平面整体为偏绿的暖灰色调（中绿可以看成中性色，而翠绿偏冷，草绿与橄榄绿偏暖）。为丰富色彩层次，步行道、广场及商业街采用偏红的暖灰色表达，面积较小的水体和停车场分别用蓝灰色和浅冷灰色点缀。大部分地方的运笔方式为顺笔，从左至右平涂。树丛及阴影处用叠笔；绿地边缘及水面加少量顿笔，增加层次，活跃画面气氛。注意，笔道间应尽量少留白。

（4）湖北蕲春李时珍医药物流园修建性详细规划总平面图

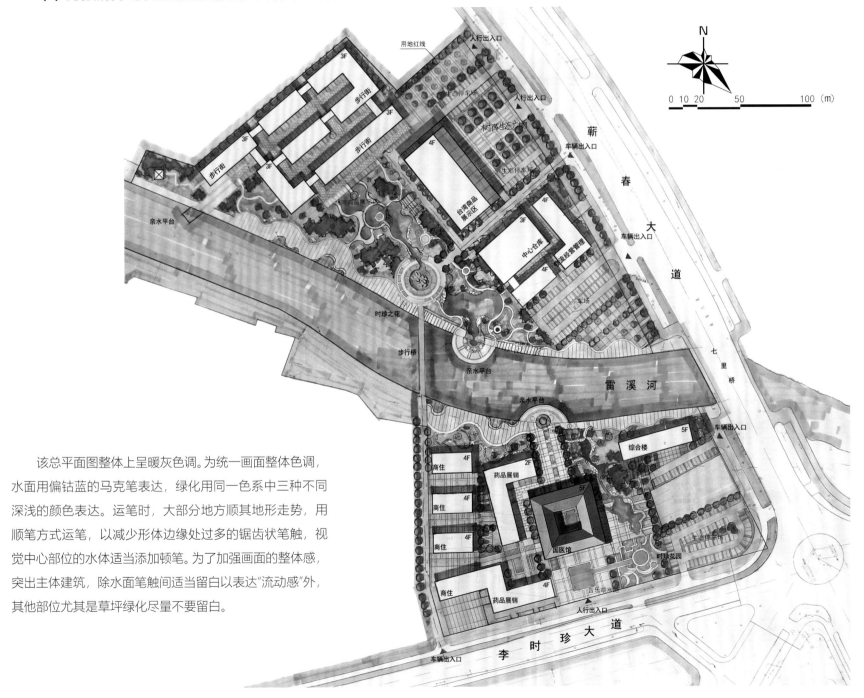

该总平面图整体上呈暖灰色调。为统一画面整体色调，水面用偏钴蓝的马克笔表达，绿化用同一色系中三种不同深浅的颜色表达。运笔时，大部分地方顺其地形走势，用顺笔方式运笔，以减少形体边缘处过多的锯齿状笔触，视觉中心部位的水体适当添加顿笔。为了加强画面的整体感，突出主体建筑，除水面笔触间适当留白以表达"流动感"外，其他部位尤其是草坪绿化尽量不要留白。

（5）广东台山行政服务中心修建性详细规划总平面图

　　该规划总平面图整体上为偏暖的绿灰色调。草坪、树木等绿化及山体采用橄榄绿色系颜色表达出四个深浅不一的层次，增加画面的素描关系，以表达丰富的空间效果。水面用偏绿的蓝灰色表达，中间圆形广场及部分运动场地分别用驼色与赭灰色来点缀，其他硬质铺地及停车场采用不同深浅的冷灰色，中间核心空间处的铺地稍微偏暖。运笔时山体用斜向顺笔与叠笔，其他部位主要采用平行于形体主要轮廓线的顺笔。为了加强画面的视觉效果，做到主次分明、层次清晰，建筑、树木等必须画阴影：核心建筑阴影要深且透明，树丛及行道树阴影适当浅些。在表现过程中，要时刻树立画面'整体感'的原则，笔道间少留白；同时要守住形体边缘轮廓线，运笔时尽量少出形体边界。

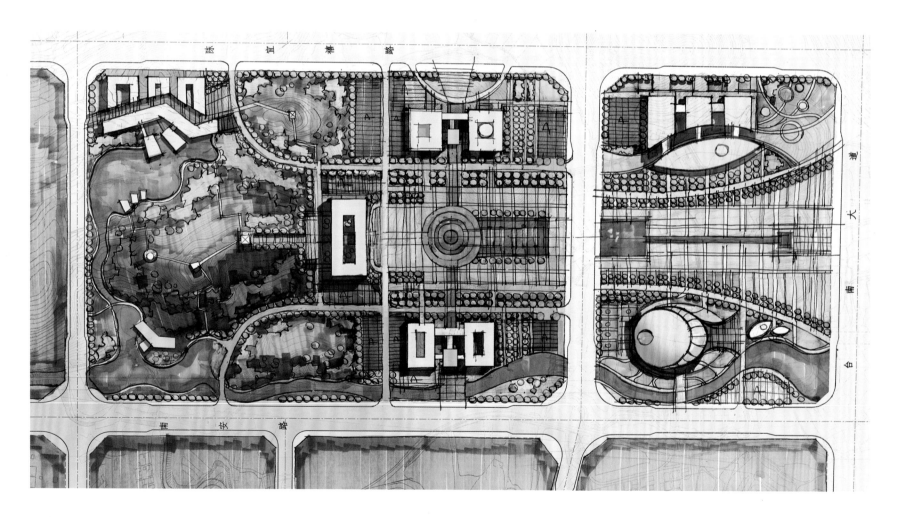

（6）广西靖西县行政服务中心修建性详细规划方案

①**总平面图**　该规划总平面图整体为偏冷的绿灰色调，草地等植物为偏冷的橄榄绿，广场与步行道为偏红的暖灰色，水面为蓝灰色。表现手法及运笔方式同上图。

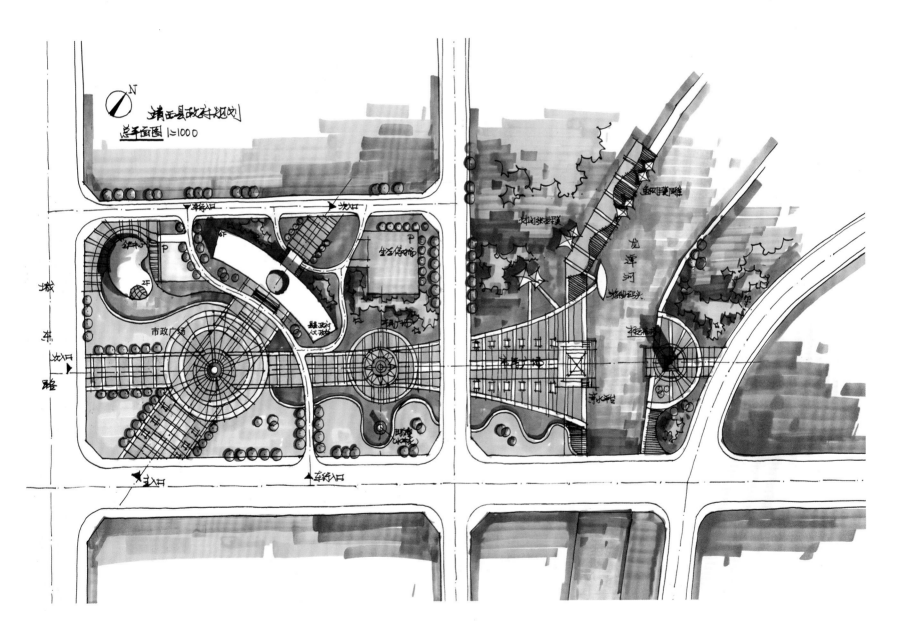

■ 马克笔表现行政服务中心总平面图

②行政服务中心办公楼设计方案一　　为体现现代办公雷厉风行的高效特性，整体造型采用对称布局的现代简约风格。主入口处做形体减缺处理，形成巨大的灰空间，以加强建筑与周边山水的联系，做到显山、露水、透绿。图面表现上以马克笔为主、墨线及彩铅为辅的混合表现形式：上色顺序依次为玻璃、建筑暗面及阴影、远山、近山、近景和中景树木及草坪、地面，最后用彩铅画天空，并点缀配景景石、人物与小汽车，调整、完善画面。山体、树木采用斜向顺笔排列，近景、中景树木形体外轮廓处添加少量顿笔以表现树叶的飘逸灵动；草坪及硬质地面顺其透视方向用顺笔从左至右排列笔触，并加少量的叠笔和顿笔以表现地面的景深和倒影，并增加光影关系及远近空间层次，活跃画面气氛。用彩铅表现时，线条方向应大致平行并略有变化，尽量采用斜向线条排列；线条走势与云层走势应基本一致，同时注意云的深浅层次关系。彩铅线条切忌呈网格状排列。

清田县政行办公楼（榜一）

馬克笔表现行政服务中心办公楼设计方案一

③行政服务中心办公楼设计方案二　方案二的建筑造型风格与方案一基本一致。色彩整体上同为冷灰色调，表达宁静、明快的办公氛围；局部如硬质地面采用暖灰驼色，丰富色彩层次。图面表现手法和方式与方案一大致相同，在此不再赘述。值得注意的是，马克笔笔道间尽量少留白，同一处的叠笔次数最好不要超过三次；叠笔次数太多，则画面泥腻变脏，失去清爽、明快感。

馬克笔表现行政服务中心办公楼设计方案二

(7) 风雨摩天城城市设计

①**过程详解** 下图为风雨摩天城城市设计意向方案表现的步骤。因其是没有墨线底稿的纯马克笔表达，所以表现难度较大。下笔之前最好用铅笔构图，用淡淡的线条表示主要建筑的位置及大致造型，为后面的上色提供指引。表现时先画主体建筑及后面的山体，然后画水面和草坪（详见步骤一、步骤二）。接着画天空，注意云的构图与走势。为了表达出"山雨欲来风满楼"的氛围，天空采用斜向运笔，以加强方向性与动感（详见步骤三）。继续添加建筑，前景建筑形体轮廓分明、颜色深暗，远处建筑形体模糊、颜色灰淡，前景视觉中心处的明暗层次明了、细节丰富（详见步骤四及成图）。

步骤一

步骤二

步骤三

步骤四

■ 马克笔表现城市设计步骤

②**成图**　为体现摩天城风雨欲来的气氛，画面整体上采用冷灰色调。视觉中心处的水面与草地的明度较高，水面因反射天光而呈现饱和度较高的浅蓝色；尽管前景草坪的固有色为暖色调，但为了协调画面的整体冷色调，必须降低其颜色饱和度和明度。为突出主体，必须加强视觉中心的明暗对比，丰富空间层次。

■ 马克笔表现城市设计成图

5.2.4 马克笔表现景观快速设计

（1）湖光山色场景表现

①**过程详解**　景观快速设计表现时，大多数情况下画面应该体现亮丽、明快、清爽的效果，尤其是自然景观。表现时通常应遵循"先整体、后局部，先主体、后次要，先近后远，先浅后深，先暖后冷"的原则，不同场景设计表达可根据其具体特性做适当调整。下图为春夏时节的湖光山色场景表现过程。

步骤一

步骤二

步骤三

步骤四

■ 马克笔表现湖光山色场景步骤

②成图　因表现的是宁静的自然山水，画面整体色调为冷灰色。为拉开前后空间层次、扩大景深、突出主体，前景树木为偏黄的浅橄榄绿色，山石为偏暖的土灰色，其余均为冷色。运笔方式多样，为了区别前景、后景及拉开空间层次，天空与树木采用斜向运笔，远景山体为竖向运笔；为体现水面宁静的特性，水体采用水平运笔。总体上运笔果断，干净利落。

　　马克笔表现湖光山色场景成图

(2) "晨光雾霭"景点设计表现

①过程详解　清晨的阳光照射在层峦叠嶂的苍翠山林之中，呈现出一片雾霭茫茫的景象，湖畔密林下的休闲景观建筑格外耀眼。先用美工笔画好滨水景观建筑、湖岸坡坎及水中景石的墨线底稿，凭感觉用马克笔直接表达其他自然形态。总的难度较大，具体步骤详见下图。表现时要特别注意，因晨光斜照，背景线条要直率、果断，笔触间尽量不要留白；宁静的湖面主要采用水平笔道表达，倒影采用竖向笔触刻画；视觉中心处的层次应丰富，对比应强烈。

步骤一

步骤二

步骤三

步骤四

■ 马克笔表现"晨光雾霭"景点步骤

②**成图**　晨光山色往往呈现出一派清冷的景象，因此整个画面采用蓝绿冷色调去表达。由于阳光照射，视觉中心处的景观建筑及湖岸坡坎色调偏暖，色彩丰富，颜色纯度较高。

■ 马克笔表现"晨光雾霭"景点成图

(3) "滨湖垂钓"景点设计表现

①**过程详解** 该景点设计描绘的是秋意盎然的滨湖垂钓场景。用美工笔绘制完墨线底稿后，从天空开始上色（详见步骤一及步骤二）。接着画垂钓建筑与主题树木（详见步骤三）。然后画前景植物与中景树林（详见步骤四）。最后画远山、近水，点缀人物、水石等配景，调整、完善画面。

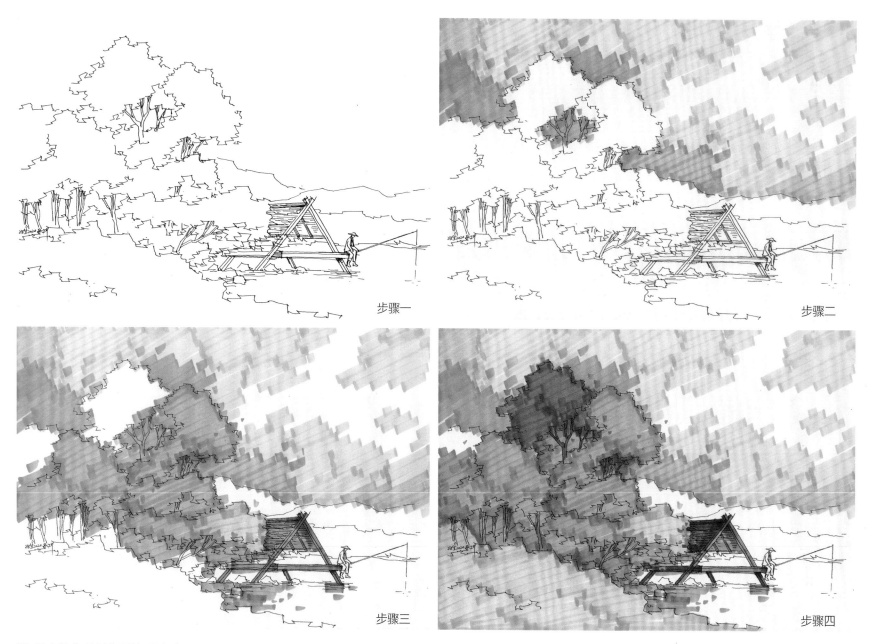

步骤一

步骤二

步骤三

步骤四

■ 马克笔表现"滨湖垂钓"景点步骤

②成图　画面整体呈偏红紫的暖灰色调，与秋天的景色相吻合。秋高气爽的晴天天空往往呈饱和度很高的群青色或钴蓝色，但为了统一画面色调，天空采用偏暖但饱和度低的紫灰色。画面视觉中心部位的色彩饱和度最高，其层次与细节也最丰富。

■ 马克笔表现"滨湖垂钓"景点成图

(4) 宁波苏湖度假区"水中的云"景点设计

　　该景点位于宁波苏湖度假区的苏湖湖滨，由七个顶呈圆环状的白色景观休闲亭通过水中木栈道相连接而构成，像漂浮在水中的朵朵白云。上色时先画水上的木栈道及平台，然后画水面；最后画亭子顶部的暗面、灰面及人物，亭子顶部绝大部分留白。画面色调明快、亮丽，表现干净利落，以顺透视方向的斜向笔触为主笔，亭子附近的水面则加适当的叠笔与顿笔，以增加水景层次。

（5）鄂东银湖龙山度假区游船码头设计

该游船码头位于鄂东银湖龙山度假区内的银湖湖畔，造型似一条跳跃的飞鱼（银湖飞鱼），画面为暖灰色调。表现时要注意水面笔触的方向，尽量采用顺着透视方向的笔道；水中加倒影等环境色彩，并用大笔触表达，运笔肯定、少重复。

(6) 湖南浏阳"大围山生命之树"景点设计

该景点位于湖南省大围山国家森林公园七星岭景区的最高峰附近，为登高望远的观景休闲建筑。其由大小不一的带观景平台的屋顶围绕交通部位，高低错落围合而成，造型似"大围山"的"围山"，又似"森林之树"，象征着"大围山生命之树"。画面为冷色调。因是初步方案构思草图，美工笔墨线表达自然、轻松；马克笔大笔触上色，自由奔放、不拘谨。

(7) 湖南浏阳河"冰川世纪"景点设计："天工鬼斧成大巧，岳峦崩摧，冰河驱神鸟"

该景点位于湖南省大围山国家森林公园浏阳河源头附近。七条玻璃栈道曲折迂回，从浏阳河源头方向伸向湖中，仿佛上古时期涌动的冰河。栈道上形态各异的休息亭，檐口上翘，像空中盘旋的神鸟，加之栈道间夹杂的碎石漂砾，游人置身其间，冰河世纪冰川移动、神鸟飞舞的景象仿佛近在眼前。该景点体现了对浏阳河源头的纪念，也与大围山"地质公园"的特质相吻合。画面为冷色调，为体现冰河移动的景象，水面叠笔与顿笔较多。

5.3　混合表现技法应用

5.3.1　马克笔、彩铅与墨线混合表现建筑快速设计

（1）长沙天心区某商业综合体建筑设计

①方案一　混合表现技法通常用墨线打底稿，并用墨线画出大致的明暗、阴影等素描关系，然后用马克笔画主体建筑、植物配景与地面，最后用彩铅画天空。也可以用彩铅表现配景与地面甚至建筑部分，以填补马克笔表现的不足。

■ 混合表现建筑快速设计一

②**方案二**　方案二与方案一都是用马克笔表现建筑、植物配景及地面，最后用彩铅画天空的实例。最好用美工笔墨线打底稿，因为美工笔除了画线描轮廓以外，还可以画出较大的阴影及暗部，大大增强了画面的空间及光影表达效果。表现顺序依次为玻璃，建筑暗面、灰面及阴影，近景、中景植物，远景树木及山体，地面，天空，人物与小汽车。主体建筑层次分明、细节丰富、立体感十足，远景概括、整体，近景、中景层次相对丰富，地面与天空整体性强，云彩方向明了、动感强烈。

■ 混合表现建筑快速设计二

(2) 湖南浏阳某小区住宅设计

该建筑表现用美工笔墨线打底稿，并在建筑视觉中心处主入口及屋顶部位适当加阴影。用马克笔给建筑、中景和近景植物及地面上色，用彩铅画大面积天空、远景植物及地面暗部。天空面积较大，构图十分重要。云彩尽量保持一定的方向感，并分出前后主次关系。

■ 混合表现建筑快速设计三

(3) 广东肇庆星湖明珠园划船俱乐部设计方案

该方案表达以彩铅为主、马克笔为辅：大部分天空、地面、水面、植物及玻璃主要用彩铅表现，其余用马克笔补充、完善。注重画面构图：为均衡画面，填补画面右侧相对较空的局面，在右侧天空加大面积的云彩及高大的椰子树。云彩采用方向基本一致的斜向线条排列，动感强烈；水面以水平粗线条为主，加上马克笔笔触倒影，水面整体感好、质感强；建筑主入口处层次、细节丰富，明暗对比强烈。

混合表现建筑快速设计四

5.3.2 马克笔、彩铅与墨线混合表现规划快速设计

（1）长沙天心区某地段规划鸟瞰图

本规划鸟瞰图主要表现该地段建筑体量、造型与周边环境的关系，以美工笔墨线底稿表达大致的明暗及光影关系，上色以马克笔为主、彩铅为辅。

混合表现规划快速设计一

(2) 展示馆规划设计鸟瞰图

下图为课堂现场教学示范作品。以美工笔墨线打底稿，以马克笔表现主体部分，以彩铅表现远景。快速设计表现过程中应做到：除造型设计需要外，墨线方向与透视方向应尽量保持一致，美工笔适当加阴影或暗部；表现建筑、道路、铺地等人工部位时，马克笔笔触方向尽量与相对应的形体透视方向一致；彩铅线条方向保持大致的趋同性。

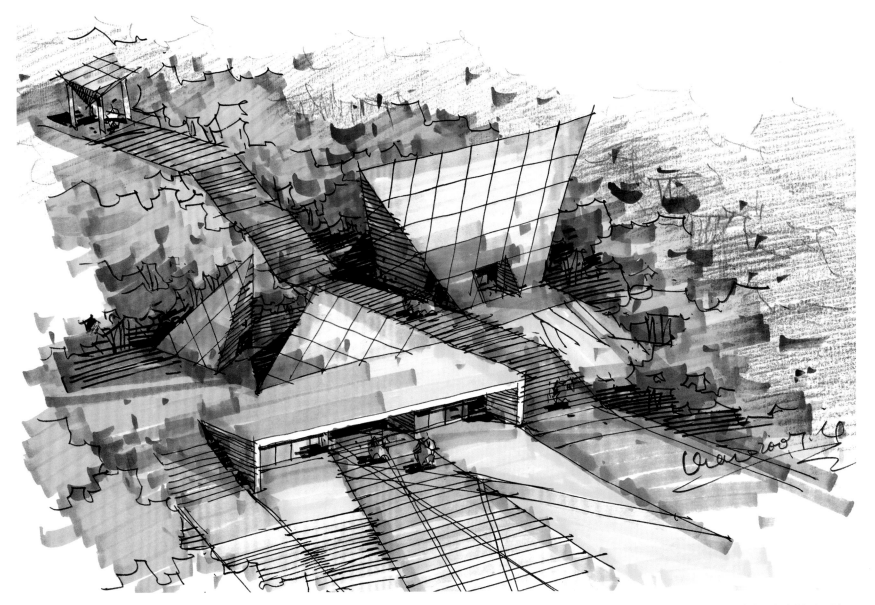

混合表现规划快速设计二

5.3.3 马克笔、彩铅与墨线混合表现景观快速设计

（1）湖南浏阳某景区大门设计

该景观建筑用墨线与马克笔表现主体，用彩铅表现环境，用马克笔与彩铅结合表现地面。用彩铅表现地面时，应注意地面线条的整体性；彩铅线条应干净利落、苍劲挺拔，最好从左至右运笔、一次拉成，避免拖泥带水、凌乱难看。

混合表现景观快速设计一

(2) 广东肇庆星湖明珠园休闲廊亭设计

该景点表现以彩铅为主、马克笔为辅。马克笔主要表现彩铅表达难以达到效果的位置，如柱子、前景主体的椰子树、人物等体量相对小的部位；彩铅表现时要注意彩铅线条方向的趋同性和地面线条的整体一致性。

混合表现景观快速设计二

(3) 湖北荆门东宝山森林公园入口大门设计方案

　　该景点表现以马克笔为主、彩铅为辅。为体现"风起云涌"的设计理念，表现时天空、山体、树林等处的线条方向大致趋同，地面的马克笔与彩铅线条同样顺着透视方向排列，画面场景动感强烈。彩铅难以表达的细腻质感部位，如大门上漂浮的片片白色"薄云"、柱子、台阶、人物、汽车等部位，则用马克笔来表现。云层、山体等配景表达时也应注意明暗、深浅层次变化。构图上，天空右上部加动感向上的大片云层，以均衡画面主体三角形构图的失衡感。

第 6 章
快速设计表现作品鉴赏
Chapter 6
Appreciation of Rapid Design Performance Works

6.1　建筑快速设计表现作品鉴赏 /192

6.2　规划快速设计表现作品鉴赏 /206

6.3　景观快速设计表现作品鉴赏 /210

6.1　建筑快速设计表现作品鉴赏

（1）文化中心设计

　　该建筑为双坡屋面造型，以三角形为基本形母题，通过大小、方向的变化及体块的穿插、连接等手法组合构成，造型高低错落、主次分明。表现时，顺着形体透视方向去组织铅笔线条，运笔果断、干净利落，笔道挺拔、苍劲有力。

■ 建筑快速设计表现作品鉴赏一

(2) 湖北蕲春中国艾茶艺术馆设计

　　该艺术馆主体建筑以"一片漂浮的艾叶"为设计意象，屋顶呈艾叶状。主入口方向建筑立面凸出的竹竿造型和广场 "Y" 字形竹栏杆立柱，似片片生长的艾叶，与建筑功能相吻合。表现时，用铅笔沿形体透视方向去组织线条、表达空间，突出、强化主体建筑，弱化周边的竹林等配景。

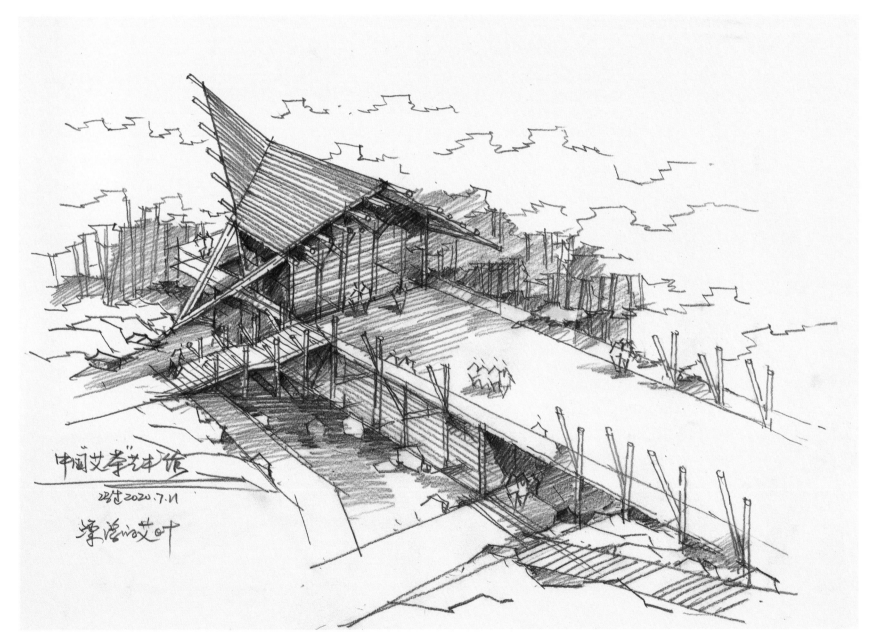

(3) 神龙山庄设计

　　山地建筑采用坡屋面造型更能与山体协调、统一，建筑水平舒展的造型削弱了建筑本身的存在感，主入口左侧高耸的观景塔平衡了整个建筑的构图。用美工笔表现时，通过提笔与压笔的表现形式及线条的疏密，直接表达出建筑的明暗、光影关系。建筑主入口处重点刻画，配景树林弱化处理。虽寥寥几笔，但中心突出，空间层次分明，画面整体效果良好。

■ 建筑快速设计表现作品鉴赏三

(4) 山地博物馆设计

该建筑基本形从周边层峦叠嶂的山体外形中提炼、抽象出来，通过体块的拉伸、挤压、位移与高低错落，形成与周边山体遥相呼应的空间造型。整体造型似岳峦崩摧，动感强烈、雕塑感明显。表现时，强化主体建筑的体块轮廓及明暗关系，加强建筑主入口与附近山体的空间关系，弱化远山形体；运笔果断，铅笔线条干净利落、苍劲挺拔。

建筑快速设计表现作品鉴赏四

(5) 课堂示范——山地文化中心设计

　　该文化中心设计为课堂教学现场示范作品。建筑造型以单坡屋面为主，通过分割、减缺、穿插等构成手法，形成与周边环境相互渗透的局部特色空间，同时与周边坡地景观折线形线条相呼应。以美工笔墨线表达，顺形体造型透视方向去组织排列线条，区分建筑的明暗，加强其光影关系，弱化远景树林，概括其外观轮廓。远景运笔飘逸，近景运笔果断、肯定。线条自然、流畅，层级分明。

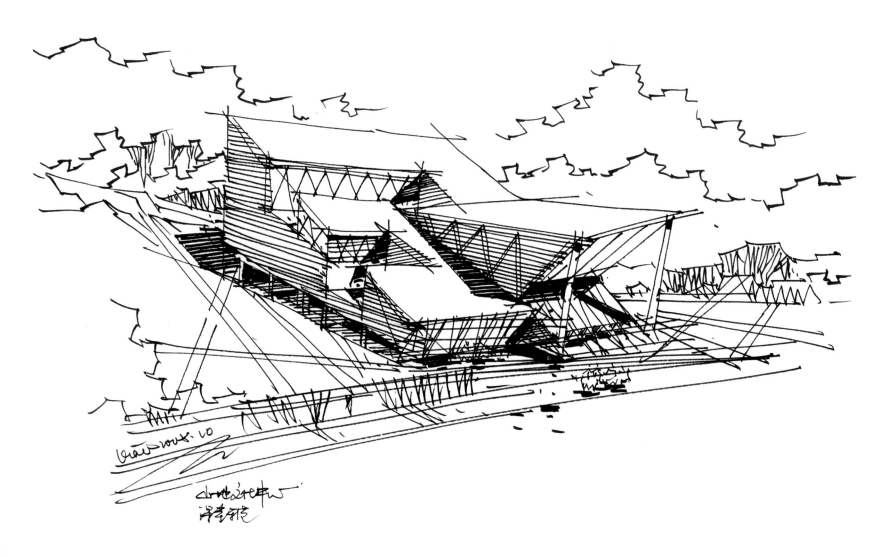

(6) 汽车站设计

　　该汽车站设计以曲线为母题、以"风帆"状的弧形体块为基本型，通过基本型的有序排列、组合，近似的建筑体块组成了和谐的画面，营造出汽车站"一帆风顺"的运营氛围。美工笔墨线表达时，顺形体透视方向组织线条，通过线条的疏密与粗细表达形体的明暗与空间关系。画面构图稳重，空间层级清晰，运笔直接、果断，线条俊逸、挺拔。

■ 建筑快速设计表现作品鉴赏六

（7）湖南浏阳市规划局办公楼设计

该办公楼设计通过对形体端部的斜向切割处理，运用穿插、透叠等空间构成手法，呈现出光影丰富的空间视觉效果。马克笔上色时注重整体大关系：主入口视觉中心处的细节丰富，明暗对比强烈；远景树木、近景绿化及地面采用马克笔正笔表达，运笔果断，整体感强。画面线条流畅，如行云流水，洒脱不拘谨；寥寥数笔，流露出强烈的设计韵味。

建筑快速设计表现作品鉴赏七

(8) 山野俱乐部设计

该建筑造型以三角形为母题，由大小不一、端部往外延伸的双坡屋顶穿插、组合而成，形体主次分明、虚实对比强烈。马克笔、墨线与彩铅混合表达。表现天空云层及远景树木的彩铅线条方向大致趋同，动感强烈，墨线线条俊秀挺拔、刚劲有力，马克笔线条果断、明了、不含糊。

■ 建筑快速设计表现作品鉴赏八

(9) 鄂东某行政中心综合办公楼方案设计

该建筑群由四个基本形相似的"双曲线"体块通过主入口处的共享空间、空中连廊连接而成，寓意政府各个部门"手牵手""肩并肩"，紧紧团结在一起，建筑造型简洁、大气。"马克笔＋墨线"表达。天空以斜向顺笔为主，留出部分空白表达行云效果；远山、树木绿植、地面及水面用马克笔线条基本填满、少留空白，其间多用顿笔，以表达生动、活泼的氛围，并避免各种"花式"表达。画面色调明快，表现主次分明、层次清晰、整体感强。

■ 建筑快速设计表现作品鉴赏九

(10) 山地会所设计

　　该建筑以三角形为设计母题，造型与周边缓丘地形相呼应。构成设计语言有穿插、咬合、方向变化、位移、对比等。冷灰色调表达晴朗、宁静的秋日氛围。

"马克笔 + 墨线"表达：用竖向的顺笔表达天空，其余部位运笔灵活，以顺透视及形体自然走势方向运笔为主。画面丰满，中心突出，整体感强。

（11）华中科技大学建筑与城市规划学院教学大楼设计方案一

该设计方案以"L"形块材为基本形，采用重复、大小变化、对比等平面构成手法，以及穿插、减缺等空间构成手法，通过建筑表皮外墙板、屋檐板、遮阳板、阳台挑板等块化的面的组合构成，创造出韵律感十足且富于光影变化的空间效果，从而体现出建筑院校教学楼浓郁的"设计感"。打开西面入口空间，让周边校园景色不留余力地渗透进来，做到建筑与环境融为一体。用马克笔、墨线与彩铅混合表达。表现重建筑主体，轻配景。

(12) 华中科技大学建筑与城市规划学院教学大楼设计方案二

　　该设计方案基本形为极简的"斗状体"，似大小、方向不一的斗拱层层叠加。通过重复、对比、穿插等构成手法，营造出雕塑感与韵律感十足、光影变幻的特色空间。该方案同样打通西部景观视线通廊，做到物、景、情的和谐统一。用"马克笔 + 墨线"表达：天空行云斜向动感的笔触与建筑斜向体块遥相呼应，浑然一体。

■ 建筑快速设计表现作品鉴赏十二

（13）课堂示范——森林景区休闲驿站设计

该设计为课堂教学现场示范作品。采用异形坡屋顶造型，建筑的大部分斜向结构柱子呈放射状排列，部分柱子相互穿插，与所在森林景区树木的自然生长形状相呼应。用"马克笔＋墨线"的方式表达：天空、远景山体与树木采用竖向顺笔线条排列，其余部位顺形体透视与自然走势方向组织线条。加强主入口处的明暗对比关系，配景部位则简化、概括处理。建筑造型独特，画面色彩协调，表现效率高效。

建筑快速设计表现作品鉴赏十三

(14)课堂示范——花海俱乐部设计

该课堂教学现场示范作品表现的是秋天的丛林花海景色。为削弱建筑对环境的压迫感，采用坡屋面造型。大面积的玻璃体块从坡屋面下穿插出来，映射周边花海景观，丰富空间光影效果，使建筑与环境融为一体。用"马克笔 + 墨线"表达，运笔形式多样。画面构图稳重，中心突出，表情生动活泼，格调优而不俗，色彩花而不哨。

建筑快速设计表现作品鉴赏十四

6.2 规划快速设计表现作品鉴赏

(1) 湖北蕲河水乡风情商业街规划

该商业建筑采用双坡屋面造型，与鄂东传统民居建筑风格相吻合。建筑高低错落，空间层次丰富，滨水大量的亲水平台拉近了人与自然的距离。画面为冷灰色调。上色时，天空用斜向顺笔表达风起云涌的景象；水面以水平笔触为主，添加大量的叠笔与顿笔，以表达水面丰富的层次。

■ 规划快速设计表现作品鉴赏一

(2)湖北龙泉养生文化小镇规划生态养生单元设计

该规划建筑吸取当地传统建筑的精华元素，简化和提炼屋顶、马头墙等处的建筑形式，打造新的荆楚风格。表现时，水面采用水平笔触；建筑则顺形体透视方向运笔；周边景观植物采用斜向运笔，强调整体，忽略细节，以表达周边漫山遍野的花海景象。画面主次分明，色彩协调，运笔大气流畅。

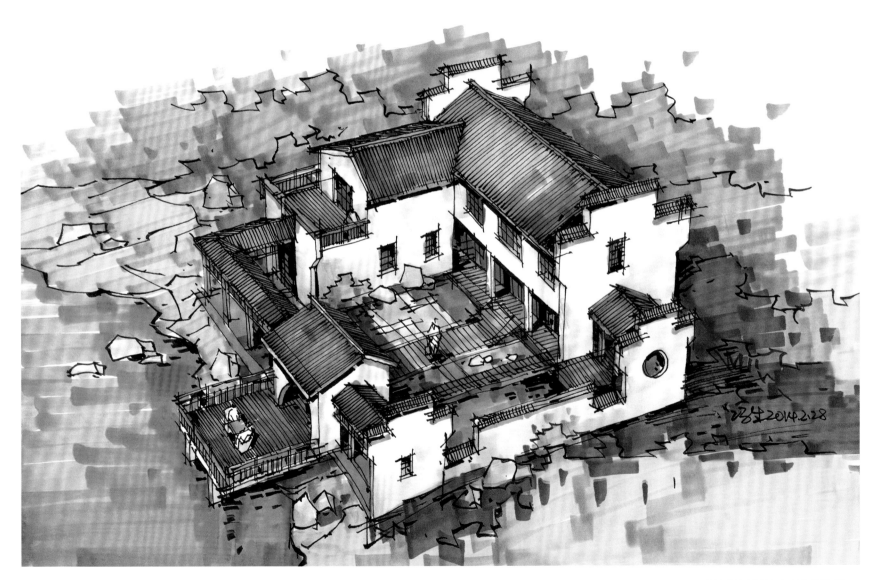

（3）广东惠州亚公顶森林公园规划观景平台设计

错落有致的坡屋顶与架空的观景平台有机地融入周边自然环境中。色相微差的暖灰色调通过明度的差别，表达出丰富的远近空间层次。由竖向马克笔笔触组成的背景拉开了与主体景观建筑的距离。

■ 规划快速设计表现作品鉴赏三

(4) 鄂东银湖龙山度假区银湖幽兰休闲区规划

　　体块的位移与方向的转换使建筑群充满了动感，富有特色的坡屋顶通过玻璃与瓦片的结合弱化了建筑群的体量，架空的亲水平台成为建筑与自然的过渡空间。雅致的暖灰色调烘托出优雅娴静的度假氛围。"按部就班"的表现顺序缩短了表达画面的时间，提高了表达的效率。

规划快速设计表现作品鉴赏四

6.3　景观快速设计表现作品鉴赏

（1）湖南大围山森林公园七星岭景区"归鸟投林"景点设计

　　"平湖草长恋莺啼，幽鸣逾静，归鸟逐风席"。似鸟巢形状的木构架与依附地势的木道观景平台有机结合在一起，给游人与鸟类的亲密接触创造空间。柔和、雅致的暖色调使构筑物、人、鸟完全融入森林当中。

■ 景观快速设计表现作品鉴赏一

（2）湖南大围山森林公园七星岭景区"大地之母"景点设计

"峰峦景秀从地来，登高远眺，揽人间情怀"。该景点位于七星岭山腰险峻之地，由两条相交且伸出悬崖峭壁的玻璃栈道与高耸的观景平台穿插组成。以暖灰色调马克笔表达，线条流畅，运笔直接、果断。画面主次分明、层次清晰、中心突出。

（3）湖南大围山森林公园七星岭景区"飞云流雾"景点设计

"峰峦叠翠如画里，飞云流雾，山色尽眼底"。该景点位于半山顶，极目远眺，见远山层峦叠翠、连绵不绝，更兼云雾氤氲、流光回舞，仿佛一张泼墨山水长卷展开于游人面前。画面以暖灰色调为主。天空的斜向马克笔笔道动感强烈，远山处竖向笔道柔和交融，与景点特性十分契合。

■ 景观快速设计表现作品鉴赏三

（4）湖南大围山森林公园七星岭景区 "鹊桥亭" 景点设计

"围山高处绿云间，凤驾望仙，鹊桥忆当年"。在大围山两山头处各设一个鹊桥亭，通过吊桥相连，供游人观景、通行。亭子造型似抽象的相思鸟，两端"飞鸟"虽隔天堑，但依然比翼双飞。画面为冷灰色调。美工笔墨线画轮廓，寥寥数笔，形简意赅；马克笔上色，运笔大刀阔斧，干净利落；笔触飘逸、生动，画面整体感极强。

景观快速设计表现作品鉴赏四

（5）金色丛林

　　此景点为纯马克笔表达，表现难度大，是典型的"三角美学"构图。下笔前应做到胸有成竹，落笔后则应该"胸无成竹"，顺其自然、随性发挥。树木表现遵循程式化的原则。画面色调雅致，风格飘逸，格调朦胧，意境娴静。

■ 景观快速设计表现作品鉴赏五

(6) 广东惠州亚公顶森林公园"啖荔林"景点设计

"日啖荔枝三百颗，不辞长作岭南人"是苏东坡在惠州第一次吃荔枝时留下的脍炙人口的诗句。亚公顶森林公园内抽象的"荔枝小屋"造型描绘了啖荔枝时的情景：立面开口处的玻璃材质犹如晶莹剔透的荔枝肉破壳滑出，形象生动。画面为暖色调，色彩饱和度较高，与荔枝色质相吻合。运笔形式多样，画面整体效果好。

■ 景观快速设计表现作品鉴赏六

（7）湖北蕲春竹瓦村村口景观设计

"绿竹村边合，青山郭外斜。"此景点为竹瓦村村标，通过白墙、灰瓦、乱石、青竹等本土素材的有机结合，描绘出一派民风淳朴、风气朴素的乡村景象。表现上，色调清新雅致，美工笔墨线线条挺拔、遒劲有力，马克笔笔触既灵活又有秩序地排列，不规则中体现韵律感和整体性；叠笔与顿笔的出现打破了宁静的氛围，让画面活力顿显。

(8) 湖北龙泉花海景区花博园景观设计

"四季群英，姹紫嫣红；春花遮目，绿水怡情"。画面以宁静雅致的冷灰色调为主，点缀色彩饱和度较高的紫红色，营造出龙泉花海景区恬静、浪漫的休闲度假氛围。用垂直与水平为主的马克笔笔触勾勒出一幅安宁祥和的乡村景象。